高等学校测控技术与仪器专业应用型本科系列教材

石油化工生产过程在线分析技术

主　编◆王　森　聂　玲

副主编◆杨　波　钟秉翔　柏俊杰

参　编◆李作进　杨君玲　辜小花　张小云　曾建奎

　　　　王　雪　李语燕　陈文斌　张晓凤

重庆大学出版社

内容提要

本书是一部石油化工生产过程在线分析技术方面的专著,内容包括6章:天然气的质量指标与分析测试技术,天然气处理、管道输送在线分析技术,脱硫酸性气硫黄回收、尾气处理在线分析技术,乙烯裂解装置在线分析仪器配置及应用技术,炼油装置在线分析仪器配置及应用技术,合成氨、甲醇生产工艺在线分析技术,重点介绍了其中的取样和样品处理技术。

本书可供在线分析仪器的研制、使用、维护、管理、工艺设计人员参考,也可供高等院校有关专业师生参考。

图书在版编目(CIP)数据

石油化工生产过程在线分析技术/王森,聂玲主编
-- 重庆:重庆大学出版社,2022.6
ISBN 978-7-5689-3223-3

Ⅰ.①石… Ⅱ.①王… ②聂… Ⅲ.①石油化工—生产技术—高等学校—教材 Ⅳ.①TE65

中国版本图书馆 CIP 数据核字(2022)第 096331 号

石油化工生产过程
在线分析技术

主　编　王　森　聂　玲
副主编　杨　波　钟秉翔　柏俊杰
策划编辑:杨粮菊

责任编辑:文　鹏　　版式设计:杨粮菊
责任校对:谢　芳　　责任印制:张　策

*

重庆大学出版社出版发行
出版人:饶帮华
社址:重庆市沙坪坝区大学城西路 21 号
邮编:401331
电话:(023) 88617190　88617185(中小学)
传真:(023) 88617186　88617166
网址:http://www.cqup.com.cn
邮箱:fxk@ cqup.com.cn(营销中心)
全国新华书店经销
重庆市正前方彩色印刷有限公司印刷

*

开本:787mm×1092mm　1/16　印张:11.75　字数:296 千
2022 年 6 月第 1 版　　2022 年 6 月第 1 次印刷
印数:1—1 500
ISBN 978-7-5689-3223-3　定价:39.00 元

前　言

随着《"十三五"生态环境保护规划》的颁布和大气、水、土壤三大污染防治行动计划的实施，在线分析技术在工业上的应用也日益增加。以在线分析系统形式将在线分析仪器应用于工业生产过程和节能、环保领域中，实现气体物质成分量长期连续、稳定、可靠、少维护的检测分析，无论国内或国外，已经成为在线分析工程技术应用及发展的绝对主流。为此，我们收集整理了石油化工生产过程中应用到的主流在线分析技术，并将实际工程中使用的典型仪器包含到本书中，为仪器仪表、自动控制等专业的本科生和研究生提供教学用书，同时也为石油化工生产行业的从业人员提供参考用书。

本书共6章。第1章介绍天然气的质量指标与分析测试技术。第2章介绍天然气处理、管道输送在线分析技术。第3章介绍脱硫酸性气硫黄回收、尾气处理在线分析技术。第4章介绍乙烯裂解装置在线分析仪器配置及应用技术。第5章介绍炼油装置在线分析仪器配置及应用技术。第6章介绍合成氨、甲醇生产工艺在线分析技术。

本书由王森和聂玲主编，杨波、钟秉翔和柏俊杰任副主编。本书各章编写及审定人员如下：第1章，王森、聂玲；第2章，王森、杨波；第3章，王森、钟秉翔；第4章，王森、柏俊杰；第5章，王森、聂玲；第6章，王森、聂玲。参与本书编写和审定的人员还有重庆科技学院李作进、杨君玲、辜小花、张小云、曾建奎、王雪、李语燕、陈文斌、张晓凤。

本书参考了大量公开发表的文献和其他资料，尽管这些文献和资料已经在参考文献中列出，但难免存在疏漏，在此对原作者致以衷心的感谢。由于编者水平有限，书中难免存在不当和欠缺之处，敬请读者批评指正并与我们联系：cathynieling@163.com。

编　者

2022年2月

目录

3

第 1 章

天然气的质量指标与分析测试技术

天然气是指在不同地质条件下生成、运移,并以一定压力储集在地下构造中的气体。它们埋藏在深度不同的地层中,通过井筒引至地面。大多数气田的天然气是可燃性气体,主要成分是气态烷烃,还含有少量非烃气体,既是一种洁净、方便、高效的优质能源,也是优良的化工原料。

1.1　天然气的组成与分类

1.1.1　天然气的组成

(1)天然气的组成成分(组分)

天然气是以低分子饱和烃为主的烃类气体与少量非烃类气体组成的混合气体,是一种低相对密度、低黏度的无色流体,其组成成分超过 100 余种。

在天然气组成成分中,甲烷(CH_4)含量最高,乙烷(C_2H_6)、丙烷(C_3H_8)、丁烷(C_4H_{10})和戊烷(C_5H_{12})含量不多,庚烷(C_7^+)以上的烷烃含量极少。另外,还含有少量非烃类气体,如硫化氢(H_2S)、二氧化碳(CO_2)、一氧化碳(CO)、氮(N_2)、氢(H_2)、水蒸气(H_2O)以及硫醇(RSH)、硫醚(RSR)、二硫化碳(CS_2)、羰基硫(或称硫化羰、氧硫化碳)(COS)、噻吩(C_4H_4S)等有机硫化物。有的气田的天然气还含有微量的稀有气体,如氦(He)、氩(Ar)等。在有的天然气中,还存在着痕量的不饱和烃,如乙烯(C_2H_4)、丙烯(C_3H_6)、丁烯(C_4H_8),偶尔也还含有极少量的环状烃化合物——环烷烃和芳烃,如环戊烷、环己烷、苯、甲苯、二甲苯等。表 1.1 列出了井口天然气的组成成分。

表 1.1　井口天然气的组成成分

分类	组分	分子式	缩写
烃类	甲烷	CH_4	C_1
	乙烷	C_2H_6	C_2

1

续表

分类	组分	分子式	缩写
烃类	丙烷	C_3H_8	C_3
	异丁烷	iC_4H_{10}	iC_4
	正丁烷	nC_4H_{10}	nC_4
	异戊烷	iC_5H_{12}	iC_5
	正戊烷	nC_5H_{12}	nC_5
	环戊烷	C_5H_{10}	
	己烷和更重组分		C_6^+
惰性气体	氮	N_2	
	氦	He	
	氩	Ar	
氧化还原气体	氢	H_2	
	氧	O_2	
酸气	硫化氢	H_2S	
	二氧化碳	CO_2	
含硫组分	硫醇	R-SH	
	硫醚	R-S-R′	
	二硫醚	R-S-S-R′	
水汽		H_2O	
液体	自由水或卤水		
	腐蚀防护剂		
	甲醇	CH_3OH	MeOH
固体	铁锈		
	硫化亚铁	FeS	
	储层颗粒物		

注：表中 R—代表烷基。

天然气处理产品主要有液化天然气、天然气凝液、液化石油气、天然汽油等。按 GPA（天然气加工者协会）分类，天然气及其处理产品的组成见表 1.2。

（2）天然气主要组分的物理性质

甲烷（CH_4）：天然气的主要成分。纯甲烷无色，无味，比空气轻，在标准压力（101.325

kPa)和15.6 ℃下,1 Sm³(GPA)甲烷的质量为0.6785 kg。甲烷具有高的热稳定性和很高的热值(33 904 ~ 37 668 kJ/m³)。

注:根据 GPA 规定,采用15.6 ℃(60°F)及101.325 kPa 作为天然气体积计量的标准状态条件,在15.6 ℃ 及101.325 kPa 条件下计量的1 m³ 写成 1 Sm³(GPA)。

表1.2 天然气及其处理产品的组成

产物名称	He	N_2	CO_2	H_2S	RSH	C_1	C_2	C_3	iC_4	nC_4	iC_5	nC_5	C_6^+
天然气	○	○	○	○	○	○	○	○	○	○	○	○	○
惰性气体	○	○	○										
酸气			○	○	○								
液化天然气(LNG)		○				○	○	○	○	○			
液化石油气(LPG)							○	○	○	○			
天然汽油									○	○	○	○	
天然气凝液								○	○	○	○	○	○
稳定凝析油										○	○	○	○

乙烷(C_2H_6):在天然气中的含量位居第二。无色气体,比空气稍重,1 Sm³(GPA)的质量为1.271 kg。它的热值为60 345 ~ 65 946 kJ/m³,其总热值比甲烷高。

丙烷(C_3H_8):无色气体,比空气重,1 Sm³(GPA)丙烷的质量为1.865 kg。温度在20 ℃ 及压力在0.85 MPa 以上时,呈液态。丙烷的热值为86 402.9 ~ 93 888.9 kJ/m³。如果丙烷在原料气中较富,回收丙烷作为液体燃料,则具有较大的经济价值。

异丁烷(iC_4H_{10}):正丁烷的同分异构体,其物理性质与正丁烷也不相同。在标准压力下,温度在 -11 ℃ 以上时呈气态,温度在 -11 ℃ 以下时呈液态。丁烷的热值为112 294 ~ 121 685 kJ/m³,为高辛烷值天然汽油组分。

正丁烷(nC_4H_{10}):相对密度比空气大1倍,1 Sm³(GPA)正丁烷的质量为2.458 kg。在标准压力下,当温度高于0.6 ℃ 时,呈气态。在温度为15 ℃ 及压力为0.18 MPa 时,正丁烷呈液态,其密度为0.582 kg/m³,作为动力汽油的掺合剂使用。

戊烷(C_5H_{12}):有两个同分异构体,即正戊烷和异戊烷。在标准压力下,正戊烷温度>36 ℃、异戊烷温度>28 ℃,均呈气态,后者为汽油的组成部分。

氮气(N_2):氮气是惰性组分。一般天然气都含有氮,但含量很少超过30%,它的存在会降低天然气的热值,按西方发达国家对商品天然气的最小热值要求,则应该对氮含量有所限制,但脱氮需要采用深冷工艺,且成本较高。因此,高含氮的天然气经常是不可售的。

硫化氢(H_2S):极臭且有毒的可燃气体。在硫化氢含量为0.06% 的环境中,如果人停留2 min 以上,将可能导致死亡。因此,必须从原料气中脱除硫化氢。

二氧化碳(CO_2):无色,具有微弱的气味。CO_2 不能燃烧,在管线中的最大含量为2%。通常只要对热值无太大影响时可不脱除 CO_2。

羰基硫(COS):通常存在于含硫化氢较高的原料气中。通常用 ppm(10^{-6})为单位表示它的含量。它与常用的脱硫溶剂单乙醇胺(MEA)反应会形成不可再生的化合物,这种情况会增加化学溶剂的消耗。

硫醇(RSH):具恶臭的化合物,天然气中主要是甲硫醇和乙硫醇,常用作城市燃气的加味剂,但过量的硫醇会损害人体健康。

氦(He):稀有惰性气体,无色,无味,微溶于水,不燃烧,也不能助燃。氦气密度是氢气的1.98倍,与空气的相对密度为1/7.2。它是最难液化的气体。氦气是贵重的稀有气体,广泛用于国防、科研领域。天然气中含量甚微,如果氦含量超过2‰(体积比)具有工业提取价值。

此外,天然气还含有水或盐水,也含有固体颗粒,需要在井口设置分离器而除去。已经发现有些天然气中还含有微量的苯和汞,在LNG装置设计和运行中应予重视。由于汞对铝制板翅式换热器造成腐蚀,可用硫饱和的活性炭或分子筛来脱汞。近年来,还有文献报道,美国有些天然气中含有砷化合物,应引起重视。

由于气田开发和生产的需要,在天然气井中会加入甲醇和腐蚀防护剂等化学品,当气井采气时,这些化学品也会随天然气的开采而进入天然气中,并进入天然气采输系统。

(3)我国主要气田天然气的组成及各组分的相对含量

组成天然气的组分虽然大同小异,但其相对含量却各不相同。天然气组成分析的数据,常常作为工程师进行地面工程、站场、管道设计的依据。对于含重组分较多的天然气还要回收液烃,潜在可回收的液烃量常用在1 000 Sm³(GPA)气体中所含的总液烃量(m³)来表达,液烃指C_2^+或C_3^+。我国主要气田天然气的组成及各组分的相对含量见表1.3。

表1.3 我国主要气田天然气的组成及各组分的相对含量

气田名称	甲烷	乙烷	丙烷	异丁烷	正丁烷	异戊烷	正戊烷	C_6	C_7	CO_2	N_2	H_2S
四川中坝气田	91.00	5.8	1.59	0.13	0.35	0.10	0.28			0.47	0.19	
四川八角场气田	88.19	6.33	2.48	0.36	0.64	0.7		0.26		1.04		
长庆靖边气田	93.89	0.62	0.08	0.01	0.001	0.002				5.14	0.16	0.048
长庆榆林气田	94.31	3.41	0.50	0.08	0.07	0.013	0.041			1.20	0.33	
长庆苏里格气田	92.54	4.5	0.93	0.124	0.161	0.066	0.027	0.083	0.76	0.775		
中原油田气田	94.42	2.12	0.41	0.15	0.18	0.09	0.09	0.26		1.25		
中原油田凝析气田	85.14	5.62	3.41	0.75	1.35	0.54	0.59	0.67		0.84		
海南崖13-1气田	83.87	3.83	1.47	0.4	0.38	0.17	0.10	0.11	—	7.65	1.02	70.7 (mg/m³)

气田名称	甲烷	乙烷	丙烷	异丁烷	正丁烷	异戊烷	正戊烷	C_6	C_7	CO_2	N_2	H_2S
新疆塔里木克拉-2气田	97.93	0.71	0.04	0.02					0.74	0.56	—	
青海涩北-2气田	99.69	0.08	0.02	—	—	—	—	—	—	—	0.2	—
东海平湖凝析气田	77.76	9.74	3.85	1.14	1.19	0.27	0.44	0.34	2.61	1.39	1.27	—
新疆柯克亚凝析气田	82.69	8.14	2.47	0.38	0.84	0.15	0.32	0.2	0.14	0.26	4.44	—
新疆珂河气田	91.46	5.48	1.37	0.35	0.30	0.13	0.08	0.09	0.10		0.66	

1.1.2 天然气的分类

天然气的分类方法繁多,根据不同的分类原则,可将天然气分为不同的类型。在天然气地面工程中常常采用如下三种天然气的分类方式。

(1)按矿藏特点分类

按矿藏特点可将天然气分为气井气、凝析井气和油田气。前两者称非伴生气,后者也称为油田伴生气,简称伴生气。

气井气即纯气田天然气,气藏中的天然气以气相存在,通过气井开采出来,其中甲烷含量很高。

凝析井气即凝析气田天然气,在气藏中以气体状态存在,是可回收液烃的气田气,其凝析液主要为凝析油,其次可能还有部分被凝析的水,这类气田的井口流出物除含有甲烷、乙烷外,还含有一定量的丙烷、丁烷及 C_5^+ 以上的烃类。

油田气即油田伴生气,它伴随原油共生,是在油藏中与原油呈相平衡的气体,包括游离气(气层气)和溶解在原油中的溶解气,属于湿气。采油过程中常借助气层气来保持井压,而溶解气则伴随原油采出。油田气采出的特点是:组成和气油比一般为 $20 \sim 500$ m^3/t 原油。因产层和开采条件不同而异,不能人为控制,一般富含丁烷以上组分。油田气随原油一起被采出,由于油气分离条件(温度和压力)和分离方式(一级或二级)不同,受气液平衡规律的限制,气相中除含有甲烷、乙烷、丙烷、丁烷外,还含有戊烷、己烷,甚至 C_9、C_{10} 组分;液相中除含有重烃外,仍有一定量的丁烷、丙烷,甚至甲烷。与此同时,为了降低原油的饱和蒸气压,防止原油在储运过程中的挥发耗损,油田往往采用各种原油稳定工艺回收原油中的 $C_1 \sim C_5$ 组分。回收回来的气体,称为原油稳定气,简称原稳气。

(2)按天然气的烃类组成分类

按烃类组成(即液烃含量)不同可将天然气分为干气、湿气或贫气、富气。

①干气:在储层中呈气态,采出后一般在地面设备和管道中不析出液烃的天然气。按 C_5 界定法是指每立方米(m^3 指 20 ℃ ,101.325 kPa 状态下体积,下同)气体中 C_5^+ 以上烃类含量按液态计小于 13.5 cm^3 的天然气。

②湿气:在地层中呈气态,采出后一般在地面设备的温度、压力下有液烃析出的天然气。按 C_5 界定法是指每立方米气体中 C_5^+ 以上烃类含量按液态计大于 13.5 cm^3 的天然气。

③贫气:每立方米气体中丙烷及以上烃类(C_3^+)含量按液态计小于 100 cm^3 的天然气。

④富气:每立方米气体中丙烷及以上烃类(C_3^+)含量按液态计大于 100 cm^3 的天然气。

通常,人们还习惯将脱水(脱除水蒸气)前的天然气称为湿气,脱水后水露点降低的天然气称为干气;将回收天然气凝液前的天然气称为富气,回收天然气凝液后的天然气称为贫气。此外,也有人将干气与贫气、湿气与富气相提并论。由此可见,它们之间的划分并不十分严格。

(3)按酸气含量分类

按酸气(CO_2 和硫化物)含量多少,可将天然气可分为酸性天然气和洁气。

酸性天然气指含有显著量的硫化物和 CO_2 等酸气,这类气体必须经过处理后才能达到管输标准或商品气气质指标的天然气。

洁气是指硫化物含量甚微或根本不含的气体,它不需净化就可外输和利用。

由此可见,酸性天然气和洁气的划分采取了模糊的判据,而具体的数值指标并无统一的标准。在我国,一般采用西南油气田分公司的管输指标即硫含量不高于 20 mg/ Sm^3(CHN)作为界定指标,把含硫量高于 20 mg/ Sm^3(CHN)的天然气称为酸性天然气,低于 20 mg/Sm^3(CHN)的天然气称为洁气。净化后达到管输要求的天然气称为净化气。

1.2 商品天然气的质量要求与质量指标

1.2.1 商品天然气的质量要求

商品天然气的质量要求不是按其组成,而是根据经济效益、安全卫生和环境保护等三方面的因素综合考虑制定的。不同国家,甚至同一国家不同地区、不同用途的商品天然气质量要求均不相同,因此,不可能以一个标准来统一。此外,由于商品天然气多通过管道输往用户,又因用户不同,对气体的质量要求也不同。通常,商品天然气的质量要求主要有以下几项:

(1)热值(发热量)

单位体积或单位质量天然气燃烧时所放出的热量称为天然气的燃烧热值,简称天然气热值或发热量,单位为 kJ/m^3 或 kJ/kg,亦可为 MJ/m^3 或 MJ/kg。

天然气的热值有两种表示方法:高热值(高位发热量)与低热值(低位发热量)。高热值是指压力在 101.325 kPa、温度为 20 ℃时天然气燃烧及生成的水蒸气完全冷凝成水所放出的热量。实际上,在天然气燃烧时,烟气排放温度均比水蒸气冷凝温度高得多,因此,燃烧产生的蒸汽并不能凝结,冷凝潜热也就得不到利用。从高热值中减去实际上不能利用的冷凝潜热就是低热值,也称净热值。简而言之,高热值包括燃烧放热和冷凝潜热,而低热值仅包括燃烧放热。热工程上通常用的都是低热值。

燃气热值也是用户正确选用燃烧设备或燃具时所必须考虑的一项重要指标。

沃泊(Wobb)指数(也称华白数)是代表燃气特性的一个参数。其定义式为

$$W = H/\sqrt{d}$$

式中　W——沃泊(Wobb)指数,或称热负荷指数;

　　　H——燃气热值,kJ/m³,各国习惯不同,有的取高热值,有的取低热值,我国取高热值;

　　　d——燃气相对密度(设空气的 $d = 1$)。

假设两种燃气的热值和相对密度均不同,但只要它们的沃泊指数相等,就能在同一燃气压力下和在同一燃具或燃烧设备上获得同一热负荷。换句话说,沃泊指数是燃气互换性的一个判定指数。只要一种燃气与另一种燃气的沃泊指数相同,则此燃气对另一种燃气具有互换性。各国一般规定,在两种燃气互换时,沃泊指数的允许变化率不大于 ±(5~10)%。

由此可见,在具有多种气源的城镇中,由燃气热值和相对密度所确定的沃泊指数,对燃气经营管理部门及用户都有十分重要的意义。

(2)烃露点

对烃露点的要求是用来防止在输气或配气管道中有液烃析出。析出的液烃聚集在管道低洼处,会减少管道流通截面。只要管道中不析出游离液烃,或游离液烃不滞留在管道中,对烃露点的要求就不十分重要。烃露点一般根据各国具体情况而定,有些国家规定了在一定压力下允许的天然气最高烃露点。

(3)水露点

对水露点的要求是用来防止在输气或配气管道中有液态水(游离水)析出。液态水的存在会加速天然气中酸性组分(H_2S、CO_2)对钢材的腐蚀,还会形成固态天然气水合物,堵塞管道和设备。此外,液态水聚集在管道低洼处,也会减少管道的流通截面。冬季水会结冰,也会堵塞管道和设备。

水露点一般也是各国根据具体情况而定。在我国,对商品天然气要求在天然气交接点的压力和温度条件下,天然气的水露点应比最低环境温度低 5 ℃,也有一些国家是规定天然气中的水分含量。

(4)硫含量

对硫含量的要求主要是用来控制天然气中硫化物的腐蚀性和对大气的污染,常用 H_2S 含量和总硫含量表示。

天然气中硫化物分为无机硫和有机硫。无机硫指硫化氢(H_2S),有机硫指二硫化碳(CS_2)、硫化羰(COS)、硫醇(CH_3SH、C_2H_5SH)、噻吩(C_4H_4S)、硫醚(CH_3SCH_3)等。天然气中的大部分硫化物为无机硫。

硫化氢及其燃烧产物二氧化硫,都具有强烈的刺鼻气味,对眼角膜和呼吸道有损坏作用。空气中的硫化氢浓度高于 0.07%(体积分数)(1 000 mg/m³)时,可使人突然昏迷,呼吸与心跳骤停,发生闪电型死亡。当空气中含有 0.05%(体积分数)SO_2 时,人就有生命危险。

硫化氢又是一种活性腐蚀剂。在高压、高温以及有液态水存在时,腐蚀作用会更加剧烈。硫化氢燃烧后生成二氧化硫和三氧化硫,也会造成对燃具或燃烧设备的腐蚀。因此,一般要求天然气中的硫化氢含量不高于 6 mg/m³。除此之外,对天然气中的总硫含量也有一定要求,一般要求小于 350 mg/m³ 或更低。

(5) 二氧化碳含量

二氧化碳也是天然气中的酸性组分,在有液态水存在时,它对管道和设备也有腐蚀性。尤其当硫化氢、二氧化碳与水同时存在时,对钢材的腐蚀更加剧烈。此外,二氧化碳还是天然气中的不可燃组分。因此,一些国家规定了天然气中二氧化碳的含量不高于 2%(体积分数)。

(6) 机械杂质(固体颗粒)

在我国,国家标准《天然气》(GB 17820—2018)中虽未规定商品天然气中机械杂质的具体指标,但明确指出"天然气中固体颗粒含量应不影响天然气的输送和利用",这与国际标准化组织天然气技术委员会(ISO/TC 193)1998 年发布的《天然气质量指标》(ISO 13686)是一致的。应该说明的是,固体颗粒指标不仅应规定其含量,也应说明其粒径,故我国的企业标准《天然气长输管道气质要求》(Q/SY 30—2002)对固体颗粒的粒径明确规定应小于 $5\mu m$,俄罗斯国家标准(ГОСТ 5542)则规定固体颗粒密度不大于 $1~mg/m^3$。

(7) 氧含量

从我国西南油气田分公司天然气研究院十多年来对国内各油气田所产天然气的分析数据看,从未发现过井口天然气中含有氧。但四川、大庆等地区的用户均曾发现商品天然气中含有氧(在短期内),有时其含量还超过 2%(体积分数)。这部分氧的来源尚不甚清楚,估计是集输、处理等过程中混入的。

由于氧会与天然气形成爆炸性气体混合物,而且在输配系统中氧也可能氧化某些加臭剂(如硫醇)而形成腐蚀性更强的产物,故从安全或防腐的角度,应对此问题足够重视,及时开展调查研究。国外对天然气中氧含量也作了规定,例如德国的商品天然气标准规定氧含量不超过 1%(体积分数),俄罗斯国家标准(ГОСТ 5542)也规定不超过 1%(体积分数),但全俄行业标准 ГОСТ 51.40 则规定在温暖地区应不超过 0.5%(体积分数)。我国企业标准《天然气长输管道气质要求》(Q/SY 2-2002)则规定输气管道中天然气中的氧含量应小于 0.5%(体积分数)。

此外,北美国家的商品天然气质量要求还规定了最高输气温度和最高输气压力等指标。

1.2.2 商品天然气的质量指标

(1) 天然气气质指标的国际标准(ISO 13686:1998)

国际标准化组织天然气技术委员会(ISO/TC193)1998 年发布了《天然气质量指标》(ISO 13686:1998)的国际标准。由于各国所产天然气的组成相差甚大,即使同一国家不同地区也可能如此,加之天然气的用途不同对气质的要求也不同,因此不可能以一个国际标准来统一。所以 ISO 13686:1998 是一份指导性准则,列出了管输天然气质量应予考虑的典型指标、计量单位和相应的试验方法,但对各类指标不作定量的规定。该标准列出的管输天然气质量指标涉及的主要内容见表 1.4。

ISO 13686 有 8 个附录,其中除第 8 个附录为参考文献外,其他 7 个附录比较详细地介绍了美国、德国、英国、法国等国家制定天然气质量指标时所遵循的基本原则、指标的具体数值及其相应的试验方法。实质上,此国际标准反映了从经济利益、安全卫生和环境保护 3 个方面的因素来综合考虑天然气质量指标的基本原则。

表 1.4　管输天然气质量指标涉及的主要内容

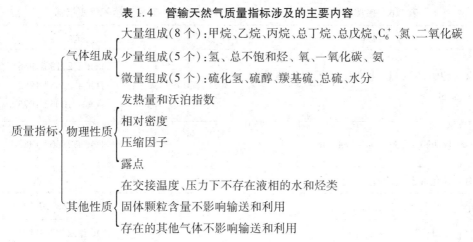

(2)若干发达国家的气质标准

各国都根据本国的资源类型、地理环境、应用领域等实际情况来制定气质标准。若干发达国家管输天然气的主要质量指标如表 1.5、表 1.6 和表 1.7 所示。从表 1.5 可知,发达国家商品天然气的气质标准一般至少应包括 5 项技术指标,即发热量、硫化氢含量、总硫含量、二氧化碳含量和水露点。天然气高位发热量的范围为 2.2 ~ 47.2 MJ/m³;对硫化氢含量的要求可分为两个水平,北美及西欧多数国家不大于 6 mg/m³,而俄罗斯不大于 20 mg/m³。

表 1.5　若干发达国家的管输天然气气质指标

国家	硫化氢 mg/m³	总硫 mg/m³	二氧化碳 %	高位发热量 MJ/m³	水露点 ℃/(10⁻¹MPa)
美国	5.7	23	3.0	43.6 ~ 44.3	(水含量:110 mg/m³)
加拿大	5.7 (输美国)	23 (输美国)	2.0	36.0	-10/操作压力
俄罗斯	20	36	—	36.1	按俄罗斯标准①
英国	5	50	2.0	38.8 ~ 42.8	夏季 4.4/69 冬季 -9.4/69
荷兰	5	120	1.5 ~ 2.0	35.2	-8/70
法国	—	7	150	37.7 ~ 46.0	-5/操作压力
德国	5	120	—	30.2 ~ 47.2	地温/操作压力
意大利	2	100	1.5		-10/60

①俄罗斯 OCT 54.04 标准规定:5 月 1 日至 9 月 30 日温带地区水露点不大于 -3 ℃,寒冷地区水露点不大于 -10 ℃。
　10 月 1 日至 4 月 30 日温带地区水露点不大于 -5 ℃,寒冷地区水露点不大于 -20 ℃。

表 1.6 俄罗斯国家标准(ГOCT5542—1987)规定的商品天然气气质指标

指标名称	定额	试验方法
1. 20 ℃ 和 101. 325 kPa 条件下的低位发热量,MJ/ m³(kcal/ m³),≥	3.8(7600)	ГОСТ 27193-1986 ГОСТ 22667-1982 ГОСТ 10062-1975
2. 沃泊指数值范围, MJ/ m³(kcal/ m³)	41.2 ~ 54.5 (985 0 ~ 130 00)	ГОСТ 22667-1982
3. 沃泊指数允许误差, %,≤	±5	—
4. 硫化氢的质量浓度, g/ m³,≤	0.02	ГОСТ 22387.2-1997
5. 硫醇的质量浓度, g/ m³,≤	0.036	ГОСТ 22387.2-1997
6. 氧的体积百分数, %,≤	1.0	ГОСТ 22387.3-1977
7. 1 m³ 天然气的机械杂质质量, g,≤	0.001	ГОСТ 22387.4-1977
8. 在空气中的体积百分数为 1% 的条件下的气味强度, 级	3	ГОСТ 22387.5-1977

注:①征得用户同意后,用于发电的天然气允许其硫化氢和硫醇含量更高,但要用单独的输气管道供气;
②表中第 2、3、8 项指标仅针对公用工程及日常生活用途的天然气;对于工业用途的天然气,第 2 项指标可与用户协商确定;
③沃泊指数的额定值可与用户商议,在表中第 2 项指标范围内,针对各配气系统确定。

表 1.7 俄罗斯行业标准(OCT 51.04—1993)规定的天然气技术要求

项目		温带地区		寒冷地区	
		从 5 月 1 日 至 9 月 30 日	从 10 月 1 日 至 4 月 30 日	从 5 月 1 日 至 9 月 30 日	从 10 月 1 日 至 4 月 30 日
20 ℃,101 325 kPa 条件下的发热量,MJ/m³	低位	32.5	32.5	32.5	32.5
	高位	—	36.1(计算法)	—	—
水露点,℃		≤ - 3	≤ - 5	≤ - 10	≤ - 20
烃露点,℃		≤0	≤0	≤ - 5	≤ - 10
硫化氢质量浓度,mg/m³		≤20(7.0)	≤20(7.0)	≤20(7.0)	≤20(7.0)
硫醇质量浓度,mg/m³		≤36.0(16.0)	≤36.0(16.0)	≤36.0	≤36.0(16.0)
氧的含量,%(体积分数)		≤0.5	≤0.5	≤1.0	≤1.0

注:括号中为 2005 年以后执行的指标。

(3)我国商品天然气的气质标准

表 1.8 是我国 2012 年公布的国家标准《天然气》(GB 17820—2012)中有关商品天然气的质量指标。

表 1.8　我国商品天然气质量指标（GB 17820—2012）

项目	质量指标		
	一类	二类	三类
高位发热量[a]，MJ/m³ ≥	8.0	3.4	3.4
总硫（以硫计）[a]，mg/m³ ≤	60	200	350
硫化氢[a]，mg/m³ ≤	6	20	350
二氧化碳 ，% ≤	2.0	3.0	—
水露点[b,c]，℃	在交接点压力下，水露点应比输送条件下最低环境温度低 5 ℃		

a. 本标准中的气体体积的标准参比条件是 101.325 kPa，20 ℃。
b. 在输送条件下，当管道管顶埋地温度为 0 ℃时，水露点应不高于 –5 ℃。
c. 进入输气管道的天然气，水露点的压力应是最高输送压力。

1.3　商品天然气分析测定技术

1.3.1　商品天然气分析测定标准与方法一览

天然气作为清洁能源，人们普遍关注它的物性和组成。天然气的分析与测定是现场生产和科学研究取得这些数据不可缺少的手段，而经国家技术监督行政部门认可的方法标准，包括国家标准、行业标准等，是制定工程设计、商品天然气贸易计量、结算、仲裁天然气数量与质量的依据。目前，我国已发布的天然气分析测定方法国家标准、行业标准见表 1.9，目前常用的商品天然气分析测定方法见表 1.10。

表 1.9　天然气分析测定标准

标准名称	标准编号	标准标题
国家标准	GB 17820—2012	天然气
	GB/T 13609—2012	天然气的取样导则
	GB/T 13610—2003	天然气的组分分析——气相色谱法
	GB/T 11062—1998	天然气发热量、密度、相对密度和沃泊指数的计算方法
	GB/T 11060.1—2010	天然气 含硫化合物的测定 第 1 部分：碘量法测定硫化氢含量
	GB/T 11060.2—2010	天然气 含硫化合物的测定 第 2 部分：用亚甲蓝法测定硫化氢含量
	GB/T 11060.3—2010	天然气 含硫化合物的测定 第 3 部分：用乙酸铅反应速率双光路检测法测定硫化氢含量
	GB/T 11060.4—2010	天然气 含硫化合物的测定 第 4 部分：用氧化微库仑法测定总硫含量

续表

标准名称	标准编号	标准标题
国家标准	GB/T 11060.5—2010	天然气 含硫化合物的测定 第 5 部分:用氢解-速率计比色法测定总硫含量
	GB/T 11060.6—2011	天然气 含硫化合物的测定 第 6 部分:用电位法测定硫化氢、硫醇硫和硫氧化碳含量
	GB/T 11060.7—2011	天然气 含硫化合物的测定 第 7 部分:用林格奈燃烧法测定总硫含量
	GB/T 11060.8—2012	天然气 含硫化合物的测定 第 8 部分:用紫外荧光光度法测定总硫含量
	GB/T 11060.9—2011	天然气 含硫化合物的测定 第 9 部分:用碘量法测定硫醇型硫含量
	GB/T 16781.1—2017	天然气 汞含量的测定 第 1 部分:碘化学吸附取样法
	GB/T 16781.2—2010	天然气 汞含量的测定 第 2 部分:金－铂合金汞齐化取样法
	GB/T 17281—1998	天然气中丁烷至十六烷烃类的测定 气相色谱法
	GB/T 17283—1998	天然气中水露点的测定 冷却镜面凝析湿度计法
	GB/T 18619.1—2002	天然气中水分测定——卡尔费休库仑法
	GB/T 2266—2008	天然气水含量与水露点之间的换算
	JJF 1272—2011	阻容法露点湿度计校准规范
	GB/T 27895—2011	天然气烃露点的测定 冷却镜面目测法
	GB/T 28766—2012	天然气 在线分析系统性能评价
	GB/T 17747.1—2011	天然气压缩因子的计算 第 1 部分:导论与指南
	GB/T 17747.2—2011	天然气压缩因子的计算 第 2 部分:用摩尔组成进行计算
	GB/T 17747.3—2011	天然气压缩因子的计算 第 3 部分:用物性值进行计算
石油行业标准	SY/T 7506—1996	天然气中二氧化碳含量的测定方法 氢氧化钡法
	SY/T 7507—1997	天然气中水含量的测定 电解法
	SY/T 7508—1997	油气田液化石油气中总硫的测定 氧化微库仑法
	SY/T 6537—2002	天然气净化厂气体及溶液分析方法

表 1.10 商品天然气分析测定方法一览表

分析测定项目	实验室分析	在线分析
天然气组成分析与发热量计算	气相色谱法 组成分析:GB/T 13610—2003 发热量计算:GB/T 11062—1998	气相色谱法 ISO 6974-4,ISO 6974-5 和 ISO 6974-6 GB/T 28766—2012 天然气 在线分析系统性能评价

分析测定项目	实验室分析	在线分析
硫化氢含量	①碘量法（GB/T 11060.1—2010）②亚甲蓝法（GB/T 11060.2—2010）	①醋酸铅反应速率法（GB/T 11060.3—2010）
		②紫外线吸收法
		③气相色谱法
		④激光光谱法
总硫含量	①氧化微库仑法（GB/T 11060.4—2010）②紫外荧光光度法（GB/T 11060.8—2011）	①氢解-速率计比色法（GB/T 11060.5—2010）
		②紫外荧光法
		③气相色谱法
二氧化碳含量	气相色谱法（GB/T 13610—2003）	红外线吸收法
水露点或水分含量	冷却镜面凝析湿度计法（GB/T 17283—1998）	①电解法（SY/T 7507—1997）
		②电容法
		③石英晶体振荡法
		④激光光谱法
		⑤近红外漫反射法
烃露点	冷却镜面目测法（GB/T 27895—2011）	冷却镜面光电测量法

1.3.2　天然气组成分析与发热量计算

天然气的组成是指天然气中所含的组分及其在可检测范围内相应的含量。分析时，通常所指的组成是指天然气中甲烷、乙烷等烃类组分和氮、二氧化碳等常见的非烃组分的含量。尽管有些杂质组分（如含硫化合物、水等）也是天然气组成的一部分，但如不加以特别说明，组成（常规）分析并不包括这些组分。进行天然气（高位）发热量计算时所使用的数据主要由烃类组成的常规分析得到。

根据 GB 17820—2018 的规定，商品天然气的组成按 GB/T 13610—2020 用气相色谱法进行分析；其发热量则按组成分析的结果，参照 GB/T 11062—1998 的规定进行计算。

（1）实验室分析

进行实验室分析时，按标准方法（GB/T 13609—2017）从天然气管道中取样，然后在实验室内用气相色谱仪按 GB/T 13610—2020 规定的方法分析组成。根据商品天然气的质量要求可进行两种分析，一种是主要分析，包括 H_2，He，O_2，N_2，CO_2 和 $C_1 \sim C_6^+$ 等组分的分析；另一种是 H_2，He，O_2，N_2，CO_2 和 $C_1 \sim C_8$ 等组分的分析。分析结果以外标法定量。GB/T 13610—2020 规定的方法精密度见表 1.11。

13

表 1.11　GB/T 13610—2020 规定的方法精密度

组分浓度范围 y/%	重复性 Δy/%	再现性 Δy/%
0.01 ~ 1	0.03	0.06
1 ~ 5	0.05	0.10
5 ~ 25	0.15	0.20
>25	0.30	0.60

按 GB/T 13610—2020 的规定,对气相色谱仪的主要技术要求如下:

①检测器:热导检测器(TCD),其线性范围为 10^5(±5%);灵敏度对于正丁烷含量为 1%(摩尔分数)的气样,进样量为 0.25 mL 时至少应产生 0.5 mV 的信号;

②测量范围:0.01% ~ 100%;

③精密度:对低浓度(0.01% ~ 1%)组分而言,重复性不大于 0.03%,再现性不大于 0.06%。

(2)在线分析

目前,欧美各国在天然气交接计量时已普遍采用能量计量的方式,因此在交接界面上应设置在线分析的气相色谱仪。在线分析仪直接从管道中取样并在无人管理的条件下自动分析,要求分析的组分数和数据处理方式以及色谱柱、检测器、色谱操作条件等都是预先设定的,并根据要求给出各组分的摩尔浓度、发热量、密度和压缩因子等。

有关在线分析的气相色谱分析方法,ISO/TC 193 已发布了 ISO 6974-4,ISO 6974-5 和 ISO 6974-6 三个国际标准,但我国目前还未发布相应的方法标准。

按 GB/T 13610—2020 及 ISO 有关标准的规定,在线色谱仪的主要技术要求如下:

①检测器:精密的微型结构的热导检测器(TCD),可提供高信噪比的信号;

②测量范围:提供 C_1 ~ C_9 的分析时,分组测到 C_6^+,浓度范围为 0.01% ~ 100%,适用的发热量范围为 0 ~ 74.5 MJ/m^3;

③组分测定低限:5×10^{-6} ~ 10×10^{-6};

④重复性:±0.05%;

⑤柱箱温度控制精度:可准确地控制在 ±0.01 ℃;

⑥分析时间:<12 min。

1.3.3　硫化氢含量测定

(1)实验室分析

①碘量法(GB/T 11060.1—2010)。

该方法是一种化学分析方法,测定范围为 0 ~ 100%。GB/T 11060.1—2010 系修改采用 ASTM D2725—80,但与 ASTM D2725—80 相比,所用吸收液不同,而且扩大了检测范围,并增加了相应的取样和分析步骤。原理为以过量的乙酸锌溶液吸收气样中的硫化氢,生成硫化锌沉淀(反应式 $H_2S + 2ZnAc \Longrightarrow Zn_2S + 2HAc$),然后加入过量的碘溶液氧化生成的硫化锌,剩余碘用硫代硫酸钠标准溶液滴定。

测定不同含量的硫化氢时,重复性和再现性应满足表 1.12 的规定。

表 1.12　碘量法的重复性和再现性(95% 置信水平)

	硫化氢含量范围		允许误差(误差占较小测得值的分数)%
	φ,%	ρ,mg/m³	
重复性	0.0005	≤7.2	20
	0.0005 ~ 0.005	7.2 ~ 72	10
	0.005 ~ 0.01	72 ~ 143	8
	0.01 ~ 0.1	143 ~ 1 434	6
	0.1 ~ 0.5	—	4
	0.5 ~ 50	—	3
	≥50	—	2
再现性	—	≤7.2	30
		17.2 ~ 72	15
		72 ~ 720	10

②亚甲蓝法(GB/T 11060.2—2010)。

该方法适用于硫化氢含量在 0 ~ 23 mg/m³ 范围内的天然气,系修改采用 ASTM D2725—80,但在二胺溶液的配制上有所不同。其原理为用乙酸锌溶液吸收气样中的硫化氢,生成硫化锌沉淀。在酸性介质中和三价铁离子存在情况下,硫化锌同 N,N-二甲基对苯二胺反应,生成亚甲蓝。用分光光度计在 670 nm 处测量溶液吸光度。

测定不同含量的硫化氢时,重复性应满足表 1.13 的规定。

表 1.13　亚甲蓝法的重复性(95% 置信水平)

硫化氢含量,mg/m³	重复性,mg/m³
<1.1	0.23
1.1 ~ 4.6	0.46
4.6 ~ 23	几次测量结果平均值的 10%

(2)在线分析

①醋酸铅反应速率法(GB/T 11060.3—2010)。

该法适用于天然气、天然气代用品、气体燃料和液化石油气中硫化氢含量的测定。空气不会产生干扰,直接测定范围为 0.1 ~ 22 mg/m³,更高的含量范围可稀释后测定。该方法的原理为:被水饱和的含硫化氢气体以恒定流速通过醋酸铅溶液饱和纸带,硫化氢与醋酸铅反应生成硫化铅,并在纸带上形成灰色的色斑(反应式 $H_2S + Pb(Ac)_2 = PbS + 2HAc$)。反应速率和所引起的色度变化速率与样品中硫化氢含量成比例。利用比色法,通过比较已知硫化氢含量的标样和未知样品在分析器上的读数,即可测定未知样品中硫化氢含量。

GB/T 11060.3—2010 规定了用双光路检测仪器进行分析的方法。该法适用的硫化氢含

量范围为 $0.1 \sim 22$ mg/m³，并可通过手动或自动的体积稀释将硫化氢的测量范围扩展到 100%。空气对分析无干扰。方法的重复性和再现性应满足图 1.1 的要求。

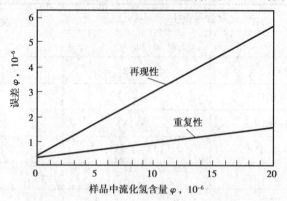

图 1.1　双光路检测法的重复性和再现性

醋酸铅反应速率法在线测量硫化氢仪器的主要技术指标如下：

a. H_2S 测定范围：$0 \sim 30$ mg/m³。

b. 总硫：$0 \sim 500$ mg/m³。

c. 准确度：±2%（全量程的）。

d. 重复性：±1%（全量程的）。

e. 线性误差：±1%（全量程的）。

f. 分辨能力：1 ppb。

g. 响应时间：≥1s。

h. 环境温度：-10 ~ 50 ℃。

i. 操作压力：0.1 MPa。

②紫外线吸收法（我国尚未发布有关标准）。

根据紫外吸收光谱的原理，可对天然气中含硫组分进行定量分析。目前，我国天然气净化厂和管输系统中使用 AMETEK 公司紫外线 H_2S 分析仪较多，主要有 931、932、933 三种型号。其中，931、932 为高含量 H_2S 分析仪，用于脱硫前原料气分析。测量范围：931 为 0.4% ~ 20%V，932 为 0.02% ~ 20%V。933 为微量 H_2S 分析仪，用于脱硫后净化气分析，测量范围分为多档，从最低 0 ~ 5 ppmV（1ppm = 0.0001%）到最高 0 ~ 100 ppmV。

从脱硫后天然气组成成分来看，吸收紫外线的组分主要有 5 个：H_2S 硫化氢、COS 羰基硫、MeSH 甲基硫醇、EtSH 乙基硫醇、Aromatics 芳香烃。它们的吸收光谱呈带状分布，彼此重叠在一起，要想在这种情况下测量微量的 H_2S 是十分困难的。933 采用色谱分离技术，将被测样气中吸收紫外线的组分分离开来，只让 H_2S、COS、MeSH 3 种组分通过色谱柱进入紫外分析器的测量气室加以分析，而将 EtSH、Aromatics 两种组分从色谱柱反吹出去不再测量，以减轻紫外分析器的负担和难度。

③气相色谱法（我国尚未发布有关标准）。

气相色谱法测量天然气中的 H_2S 时，常量分析用 TCD 检测器，微量分析用 FPD 检测器，ABB 公司在色谱仪分析气路中接入硫醚渗透管，大大提高了 H_2S 检测的灵敏度，测量下限可达到 1ppb（1 μg/L）。由于在线 FPD 色谱仪运行时需要仪表空气、载气、燃烧氢气等原因，在天然气净化、管输中应用很少,仅在天然气制合成氨、甲醇中有所应用。

④激光光谱法(我国尚未发布有关标准)。

半导体激光气体分析仪是根据气体组分在近红外波段的吸收特性,采用半导体激光光谱吸收技术(DLAS)进行测量的一种光学分析仪器。这种测量方法的主要优点是:

a. 单线吸收光谱,不易受到背景气体的影响。半导体激光吸收光谱技术中使用的激光谱宽小于0.000 1 nm,远小于被测气体一条吸收谱线的谱宽,因此不易受到背景气体组分的交叉干扰,测量精度较高。

b. 粉尘与视窗污染对测量的影响很小。激光分析仪的光源和检测器件不与被测气体接触,天然气中含有的粉尘、气雾、重烃及其对光学视窗的污染对于仪器的测量结果影响很小。实验结果表明:当激光光强衰减到20%报警前,测试精确度仍不受影响。

目前,国内外均有厂家生产激光法微量硫化氢在线分析仪,但在我国天然气工业中使用很少,缺乏足够的应用业绩和现场验证数据。

1.3.4　天然气总硫含量测定

(1)实验室分析

①氧化微库仑法(GB/T 11060.4—2010)。

天然气中的硫化合物主要包括两类,即硫化氢和有机硫化合物,两者含量之和称为总硫。氧化微库仑法适用于总硫含量为$1 \sim 1000$ mg/m^{3}的天然气。高于此范围上限的气体可经稀释后测定。GB/T 11060.4—2010是修改采用ASTM D3246—81《石油气中总硫的分析方法——氧化微库仑法》制定的,与ASTM D3246—81相比扩大了适用范围,并增加了液体标准样的使用。该方法的原理为含硫天然气在(900 ± 20)℃的石英转化管中与氧气混合燃烧,使其中的含硫化合物转化成二氧化硫后,随氮气进入滴定池发生反应,消耗的碘由电解碘化钾得到补充。根据法拉第电解定律,由电解所消耗的电量计算出样品中硫的含量,并用标准样进行校正。

氧化微库仑法分析总硫含量的重复性应满足表1.14的规定。

表1.14　氧化微库仑法分析总硫的重复性(95%置信水平)

含量范围,mg/m^3	重复性,mg/m^3
$1 \sim 14$	0.57
$14 \sim 100$	4.2
$100 \sim 200$	9.2
$200 \sim 600$	20.9
$600 \sim 1\,000$	27.6

②紫外荧光法(GB/T 11060.8—2012)。

紫外荧光法总硫分析方法的测量过程是:含硫天然气在石英转化管中与氧气混合燃烧,使其中的含硫化合物转化成二氧化硫后进入硫检测器检测。SO_2在紫外光($190 \sim 230$ nm,中心波长为214 nm)照射下生成激发态SO_2^*,激发态SO_2^*不稳定,会很快衰变到基态,激发态在返回到基态时伴随着光子的辐射,并发出特征波长(240~420 nm)的荧光,经滤光片过滤后被光电倍增管接收并转化为电信号放大处理。

(2)在线分析

①氢解 - 速率计比色法(GB/T 11060.5—2010)。

该方法又称氢解 - 醋酸铅纸带法,其测量原理是:在醋酸铅纸带法 H_2S 分析仪上增加一个加氢反应炉,被测天然气和 H_2 气混合后送入加氢反应炉的石英管中,在 900 ℃ 和 H_2 存在条件下,所有的硫化物被转化成 H_2S,反应后的气体流入 H_2S 分析仪,分析仪通过测量醋酸铅纸带斑块颜色变暗的速率来确定气体中的总硫含量。

②气相色谱法(我国尚未发布有关标准)。

气相色谱法依据先分离、后检测的原理进行分析,具有选择性好、灵敏度高、分析对象广以及多组分分析等优点。它可以分别测出天然气中每种硫化物的含量,然后加和得到总硫含量,这是气相色谱法的固有优势,也是其他分析方法所不具备的。

但色谱分析依赖于标准气,要配制含有多种微量硫化物的标准气是异常困难的,因此色谱法总硫分析的测量下限和测量精度受到一定限制。目前 ABB、SIEMENS 等公司已研制出将含硫天然气在石英转化管中与氧气混合燃烧,使其中的含硫化合物转化成二氧化硫后再送入 FPD 检测总硫含量的色谱仪,测量下限已达到 1 ppm。

1.3.5 二氧化碳含量测定

(1)实验室分析

根据 GB 17820—2018 的要求,天然气中的二氧化碳含量按 GB/T 13610—2020 的规定用气相色谱法测定。对二氧化碳含量较高且同时含有硫化氢的样品,在天然气净化厂中也经常按 SY/T 7056—1996 的规定,采用氢氧化钡法进行快速分析。氢氧化钡法是经典的容量分析方法,故也可以应用于仲裁分析。

(2)在线分析

目前,在天然气净化厂和 LNG 工厂中,普遍采用红外线气体分析仪在线测量脱碳后天然气中的常量(净化厂)或微量(LNG 厂)CO_2 含量。

1.3.6 水露点和水分含量测定

(1)水露点的实验室分析

①冷却镜面凝析湿度计法(GB/T 17283—2014)。

GB/T 17283—2014 标准等效采用国际标准 ISO 6327;1981《天然气水露点的测定 冷却镜面凝析湿度计法》。采用冷却镜面凝析湿度计法的最大优点是测定结果非常直观,无需进行含水量和水露点之间的换算,减少了引入不确定度的环节。但此法必须用液氮或液化气作为制冷剂,在现场使用不太方便,故不宜作为常规测定的方法。

使用的露点仪应符合 GB/T 17283—2014 规定的技术要求,主要技术指标要求如下:

a. 测定范围: -100~20 ℃;

b. 准确度:±1 ℃(自动);

c. 重复性:±2 ℃(手动);

d. 入口压力:约 30 MPa。

（2）水分含量的在线分析

①电解法（SY/T 7507—1997）。

我国目前只有行业标准 SY/T 7507—1997 规定的电解法适用于天然气中水含量的在线测定。方法是：气样以恒速通过电解池，其中水分被电解池内作为吸湿剂的 P_2O_5 膜层吸收，生成亚磷酸，然后被电解成氢气和氧气排出，而 P_2O_5 得到再生。电解电流的大小与气样中的水含量成正比，因此可用电解电流来度量气样中的水含量。

这种仪器具有两方面的显著优势：其一，其测量方法属于绝对测量法，电解电量与水分含量——对应，测量精度高，绝对误差小，由于是绝对测量法，测量探头一般不需要用其他方法进行校准；其二，这种仪器是目前唯一国产化的微量水分仪，具有价格上的显著优势，并可提供及时便捷的备件供应和技术服务。

其缺点是：不能测量会与 P_2O_5 起反应的气体，如不饱和烃（芳烃除外）等会在电解池内发生聚合反应，缩短电解池使用寿命；乙二醇等醇类气体会被 P_2O_5 分解产生 H_2O 分子，引起仪表读数偏高，也应在样品处理环节除去。

电解法测定仪器的主要技术指标如下：

a. 测量范围：$0 \sim 2000 \times 10^{-6}$（体积分数）；

b. 测量下限：1 ppmV；

c. 最大允许误差：测量值的 $\pm 5\%$；

d. 响应时间：不大于 60 s。

测量结果水分含量与水露点之间的转换可按《天然气水含量与水露点之间的换算》（GB/T 22634—2008）进行。

②电容法（我国尚未发布有关标准）。

电容法又称阻容法，其测量原理：当电容器的几何尺寸——极板面积 S 和板间距 d 一定时，电容量 C 仅和极板间介质的相对介电常数有关。其中一般干燥气体的相对介电常数为 $1.0 \sim 5.0$，水的相对介电常数为 80（在 20 ℃时），比干燥气体大得多。所以，样品的相对介电常数主要取决于样品中的水分含量，样品相对介电常数的变化也主要取决于样品中水分含量的变化。

电容法微量水分分析仪使用氧化铝湿敏传感器，其优点如下：

a. 体积小、灵敏度高（露点测量下限达 -110 ℃）、响应速度快（一般为 $0.3 \sim 3$ s）。

b. 样品流量波动和温度变化对测量的准确度影响不大。

c. 它不但可以测量气体中的微量水分，也可以测量液体中的微量水分。

其缺点是：

a. 氧化铝湿敏传感器探头存在"老化"现象，示值容易漂移，需要经常校准，给工作造成不便和麻烦。

b. 须防止极性气体、油污污染传感器。极性气体吸附性强，会在氧化铝膜吸附且难以脱附，影响对水分的吸附能力。

③石英晶体振荡法（我国尚未发布有关标准）。

其测量原理是：晶体振荡式微量水分仪的敏感元件是水感性石英晶体，它是在石英晶体表面涂覆了一层对水敏感（容易吸湿也容易脱湿）的物质。当湿性样品气通过石英晶体时，石英表面的涂层吸收样品气中的水分，使晶体的质量增加，从而使石英晶体的振荡频率降低。

然后通入干性样品气萃取石英涂层中的水分,使晶体的质量减少,从而使石英晶体的振动频率增高。湿气、干气两种状态下振荡频率的差值,与被测气体中水分含量成比例。此法优点如下:

a. 石英晶体传感器性能稳定可靠,灵敏度高,可达 0.1 ppmV。测量范围为 0.1～2 500 ppmV,重复性误差为仪表读数的 5%。

b. 反应速度快,水分含量变化后,能在几秒钟内做出反应。

c. 抗干扰性能较强。当样气中含有乙二醇、压缩机油、高沸点烃等污染物时,仪器采用检测器保护定时模式,即通样品气 30 s,通干燥气 3 min,可在一定程度上降低污染,减少"死机"现象。

目前存在的主要问题是:

a. 当天然气中重烃蒸气(油蒸气)含量较高时,石英晶体吸湿膜不但吸附水蒸气,也吸附油蒸气,致使水露点测量值偏低 10 ℃以上(与冷镜法比对测试结果)。根据我国使用经验,仍需配置完善的过滤除雾系统,并加强维护。

b. 部件(如干燥器、水分发生器、传感器等)价格昂贵,更换频繁,维护成本过高。

④激光光谱吸收法(我国尚未发布有关标准)。

目前,一些公司纷纷推出半导体激光微量水分仪,这种激光光谱法仪器的突出优点是其光源和检测器不与被测气体接触,天然气中含有的粉尘、气雾、重烃等对仪器的测量结果影响很小。目前存在的问题是:

a. 大多数厂家的产品测量下限仅能达到 5 ppmV。个别厂家声称测量下限可达 0.1～0.2 ppmV,但在我国尚无应用实例加以佐证。

b. 测天然气时,CH_4 对 H_2O 吸收谱线有重叠干扰,仪器出厂时对其进行了补偿修正,测量时要求 CH_4 浓度高于 75%,否则需要重新进行补偿修正,设定零点值。

⑤近红外漫反射法微量水分仪法(我国尚未发布有关标准)。

近红外漫反射法微量水分仪法又称为光纤法。德国 BARTEK BENKE 公司 F5673 型光纤式近红外微量水分仪湿度传感器的表面为具有不同反射系数的氧化硅和氧化锆构成的层叠结构,通过特殊的热固化技术,使传感器表面的孔径控制在 0.3 nm。这样,直径为 0.28 nm 的水分子可以渗入传感器内部。仪器工作时控制器发射出一束波长为 790～820 nm 的近红外光,通过光纤传送给传感器。进入传感器内部的水分子浓度不同,它对不同波长的光反射系数就不一样,CCD 检测器检测到的特征波长就不同。实验表明,该特征波长与介质的水分含量有对应关系。

其特点如下:

a. 测量信号无干扰,测量数据可靠性、重复性高。由于只有直径小于 0.3 nm 的水分子能够渗入传感器表面的多微孔结构,并且仪器所用的近红外光只对水分子敏感,故露点测定不受样品中其他组分的干扰。

b. 传感器的特殊结构,使得粉尘、油污无法进入传感器内部,不存在漂移的问题,不需要定期标定。

c. 不需取样系统:探头可直接安装于主管道中,避免了取样部件对水分子的吸附,可以更真实地测得管输天然气在压力状态下的水露点。

1.3.7　烃露点测定

(1)烃露点的实验室分析

①冷却镜面目测法(GB/T 27895—2011)。

此法是在恒定测试压力下,让天然气样品以一定流量流经露点仪测定室中的抛光金属镜面,该镜面温度可人为降低并能准确测量。当气体随着镜面温度的逐渐降低,刚开始析出烃凝析物时,此时所测量到的镜面温度即为该压力下气体的烃露点。

冷却镜面目测法可以获得 ±2.0 ℃的准确度。国际上采用称量法测定天然气中潜在烃液含量(ISO 6570),以校正烃露点仪测定结果的准确度。

②冷却镜面光学自动检测法(我国尚未发布有关标准)。

此法采用电热制冷,通过光学检测原理自动检测烃露点。

③组成数据计算法(我国尚未发布有关标准)。

气相色谱法分析天然气的组成,用组成数据通过专用软件计算获得烃露点。

(2)在线分析

目前,仅有少数公司生产冷却镜面光学自动检测法在线烃露点分析仪,如英国 Michell 公司的 CONDUMAX II 烃露点分析仪,德国 BARTEC 公司的 HYGROPHIL HCDT 烃露点分析仪等。

1.3.8　天然气体积计量的条件

天然气流量计量的结果值可以是体积流量、质量流量和能量(热值)流量。其中,体积流量是天然气各种流量计量的基础。

天然气的体积具有压缩性,随温度、压力条件而改变。为了便于比较和计算,须把不同压力、温度下的天然气体积折算成相同压力、温度下的体积。或者说,均以此相同压力、温度下的体积单位(工程上通常是 1 m^3)作为天然气体积的计量单位,此压力、温度条件称为标准参比条件,一般也称标准状态条件。

(1)标准状态的压力、温度条件

目前,国内外采用的标准状态的压力和温度条件并不统一。一种是采用 0 ℃ 和 101.325 kPa 作为天然气体积计量的标准状态条件,在此状态条件下计量的 1 m^3 天然气体积称为标准立方米,简称 1 标方。我国以往写成 1 Nm^3,目前写成 1 m^3。

另一种是采用 20 ℃ 或 15.6 ℃(60°F)及 101.325 kPa 作为天然气体积计量的标准状态条件。其中,我国石油天然气行业气体体积计量的标准状态条件采用 20 ℃,英、美等国则多采用 15.6 ℃。为与前一种标准状态区别,我国将此条件下计量 1 m^3 称为 1 基准立方米,简称 1 基方或 1 方,写成 1 m^3。英、美等国通常写成 1 $Stdm^3$ 或 1 m^3。

由于这两种标准状态条件下天然气的计量单位在我国目前均写为 1 m^3,为便于区别,故本书将前者写成 1 m^3(N),后者写成 1 m^3,而对采用 15.6 ℃ 及 101.325 kPa 计量的 1 m^3 写成 1 m^3(GPA),对采用 20 ℃ 及 101.325 kPa 计量的 1 m^3 写成 1 m^3(CHN)。当气体质量相同时,它们的关系是:1 m^3(CHN) = 0.985 m^3(GPA) = 0.932 m^3(N)。

(2)我国天然气体积计量条件有关标准

目前,国内天然气生产、经营管理及使用部门采用的天然气体积计量标准状态的压力和温度条件并不统一,因此,在计量商品天然气体积时要特别注意所采用的体积计量条件。

我国于 2003 年发布了国家标准《天然气标准参比条件》(GB/T 19205—2003)。该标准系非等效采用 ISO 13443,其规定为:在测量和计算天然气、天然气代用品及气态的类似流体时使用的标准参比条件是 101.325 kPa 和 20 ℃ (293.15K)。

中国石油天然气总公司采用的标准状态条件为 20 ℃、101.325 kPa。例如,在《天然气》(GB 17820—2018)均注明所采用的天然气体积单位"m^3"为 20 ℃、101.325 kPa 条件下的体积。

我国城镇燃气(包括天然气)设计、经营管理部门则通常采用 0 ℃、101.325 kPa 为标准状态条件。例如,《城镇燃气设计规范(2020 版)》(GB 50028—2006)中注明燃气体积流量计量条件为 0 ℃、101.325 kPa。

第 2 章
天然气处理、管道输送在线分析技术

2.1　天然气工业产业链

按照国际惯例,天然气工业有上游、中游和下游之分。上游为天然气勘探生产,中游为管道运输及地下储存,下游为城市配送,它们都是组成天然气工业的基本业务单元。中华人民共和国国家发展和改革委员会于 2010 年 11 月 04 日发布天然气工业产业链,即天然气工业的运转犹如一串链条,它将气井井口、处理厂、运输网络、储气设施、配送网络以及最终用户全部连接起来,这串链条上的每节链环都依靠其他各个环节而存在。

(1) 天然气勘探生产

天然气勘探生产业务包括天然气勘探、开发、矿场内部集输、净化与加工处理等环节。

天然气勘探——寻找具有经济开采价值的地下天然气藏。

天然气开采——把天然气举升到地面,并在后续环节中处理。

矿场集输——将从气井中采出的天然气通过矿区内部集输、分离计量并输送至处理厂净化与加工处理。

净化与加工处理——对天然气进行净化与加工处理(如脱硫、脱水、脱烃、轻油稳定脱杂质等),使之达到或者符合商品天然气质量或管道输送的要求,并回收其他副产品,例如 LPG、稳定轻油、硫黄等。

(2) 天然气运输储存

天然气运输储存是通过干线输气管道将上游产区生产的天然气输送到下游的城市门站或直供大用户(如燃气轮机发电厂、以天然气为原料的合成氨厂、甲醇厂等)。干线输气管道是连接天然气工业上游生产区与下游配气区的纽带,输送距离长,管径大,压力高,故又称长距离高压输气管道。

为了适应季节性调峰的需要,在靠近市场区域建设地下储气库,将输气干线与地下储气库连接,构成天然气供气系统的一部分。

(3) 天然气城市配送

天然气城市配送是指将从接收站来的天然气通过城市配气系统输送至最终用户。一个完整的城市配气系统由配气站、配气管网、储气设施与各类调压装置等组成。

本章主要介绍天然气净化与加工处理过程、长距离高压输气管道上采用的在线分析仪器及其取样和样品处理技术。

2.2 天然气净化处理在线分析项目及仪器选用

2.2.1 天然气净化处理工艺过程

图 2.1 是油气田对天然气进行净化处理的工艺过程示意框图。需要说明的是,并非所有油、气井来的天然气都经过图 2.1 中的各个处理环节。例如,如果天然气中酸性组分含量很少,已经符合商品天然气质量指标的要求,就可不必脱硫(脱碳)而直接脱水和脱烃;如果天然气中含乙烷和更重烃类组分很少,就可直接经脱硫(脱碳)、脱水后通过管道外输或生产液化天然气等。

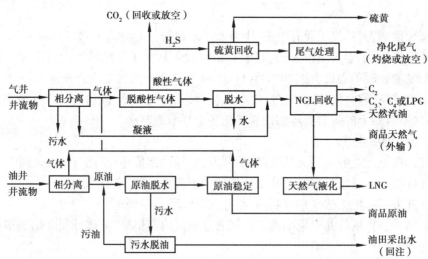

图 2.1 天然气净化处理过程示意框图

有的书籍或文献又将上述天然气处理过程划分为处理、净化、加工几个部分。

天然气处理——脱除酸性天然气中的 H_2S、CO_2、H_2O 等,以符合规定的管输标准,或为了保证一定的热值从含有大量惰性气体(N_2 或 CO_2)的天然气中提浓 CH_4,以及为了控制管输天然气的烃露点而脱除部分 NGL。2007 年 1 月 1 日实施的 SY/T0082.3—2006《石油天然气工程初步设计内容规范 第 3 部分:天然气处理厂工程》对天然气处理厂定义为:"对天然气进行脱硫(脱碳)、脱水、凝液回收、硫黄回收、尾气处理或其中一部分的工厂"。

天然气净化——脱除天然气中的 H_2S、CO_2、H_2O。天然气净化涉及的工艺过程除脱硫、脱碳、脱水外,通常还有将过程中生成的酸气回收制硫的克劳斯法硫回收过程及其后继必要的尾气处理过程。

天然气加工——NGL 回收、天然气液化、天然气提氦 3 种工艺过程。

上面所说的天然气处理、净化和加工,目前尚无严格、统一的划分,只是根据天然气使用目的的不同以及根据工艺流程的区别甚至习惯称谓所进行的区分而已。

本章主要介绍天然气脱硫(脱碳)、脱水、凝液回收部分的在线分析技术。

2.2.2　我国商品天然气质量指标

天然气经过处理、净化后,应达到的质量指标见表2.1。

表2.1　我国商品天然气质量指标（GB 17820—2018）

项目	质量指标		
	一类	二类	三类
高位发热量[a]MJ/m^3≥	8.0	3.4	3.4
总硫(以硫计)[a]mg/m^3≤	60	200	350
硫化氢[a]　mg/m^3≤	6	20	350
二氧化碳 y,%≤	2.0	3.0	–
水露点[b,c]/℃	在交接点压力下,水露点应比输送条件下最低环境温度低5℃		

注:a. 本标准中的气体体积的标准参比条件是101.325 kPa,20℃。

　　b. 在输送条件下,当管道管顶埋地温度为0℃时,水露点应不高于−5℃。

　　c. 进入输气管道的天然气,水露点的压力应是最高输送压力。

2.2.3　在线分析项目及仪器配置

天然气脱硫(脱碳)、脱水、凝液回收单元在线分析项目及仪器配置如下:

①根据需要,可在原料天然气管线上设置在线色谱仪,分析原料天然气的组成,以适应原料天然气组成不断变化的情况,提高天然气处理厂的操作水平。

②在脱硫装置入口管线上设置 H_2S 在线分析仪,测量原料天然气的 H_2S 含量;在出口管线上设置微量 H_2S 分析仪,监测产品天然气的 H_2S 含量,了解脱硫效果,指导脱硫操作。

③在脱硫装置出口管线上设置总硫在线分析仪,监测产品天然气的总硫含量。

④在脱水装置出口管线上设置在线微量水分仪,监测产品天然气的微量水分含量和水露点,指导脱水操作。

⑤在凝液回收装置流程管线和出口管线上设置在线色谱仪(1台或多台),了解天然气烃类组分分离情况,分析分离后天然气及液烃产品的组成,有时也用来分析混合冷剂的组成,指导工艺操作。

⑥在凝液回收装置脱烃后的天然气管线上设置烃露点分析仪,监视脱烃效果,指导脱烃操作。

上述在线分析项目中,第①—④项适用于纯气田天然气(气藏气),而第①—⑥项则适用于凝析气藏天然气(凝析气)和油田伴生天然气(伴生气)。

上述第①、②、③项,我国天然气处理厂大多已实现了在线分析;第④、⑤两项,目前我国采用实验室色谱仪和氧化微库仑法总硫分析仪进行分析,第⑥项我国则多采用便携式冷却镜面目测法露点仪检测烃露点。

2.2.4 脱硫(脱碳)单元硫化氢分析仪的选用

(1)脱硫要求和硫化氢含量

天然气脱硫脱碳方法很多,这些方法一般可分为化学溶剂法、物理溶剂法、化学－物理溶剂法、直接转化法等。最常用的是化学溶剂法中的醇胺法。属于此法的有一乙醇胺(MEA)法、二乙醇胺(DEA)法、二异丙醇胺(DIPA)法、甲基二乙醇胺(MDEA)法等。目前,我国的天然气和炼厂气净化装置绝大多数均采用 MDEA 溶剂,或者采用以 MDEA 为主要组分,再复配物理溶剂或化学添加剂的所谓配方型溶剂。

醇胺法系采用碱性醇胺溶液与天然气中的酸性组分(主要是 H_2S、CO_2)反应,生成某种液体化合物,从而将酸性组分从天然气中脱除出来,故也称为化学吸收法。吸收了酸性组分的醇胺溶液(称为富液)在再生塔中加热、减压可使酸性组分分解与释放出来,脱除了酸性气的醇胺溶液(称为贫液)返回吸收塔重复使用。

以我国当前生产的天然气为例,按其脱硫脱碳要求至少可区分为 3 种比较典型的类型,见表2.2。

表2.2 我国含硫天然气的主要类型

类型	工厂名称	原料气 H_2S 含量, %(φ)	原料气 CO_2 含量, %(φ)	碳/硫比例	操作压力 (MPa)	净化气 HS 含量 (mg·m^{-3})	备注
I	四川长寿分厂	0.17	1.71	10	4.8	≤6.0	
I	四川忠县分厂(拟建)	0.14	1.25	8.9	6.4	≤6.0	
II	长庆一厂	0.05	5.15	103	5.0	≤20	
II	长庆二厂	0.06	5.73	95.5	5.0	≤20	
III	四川罗家寨净化厂(拟建)	12	7	0.58	6.4	≤56.0	含有一定量有机化合物

根据我国商品天然气质量指标(GB 17820—2018)的要求,脱硫脱碳后的湿净化气 H_2S 含量应小于 20 mg/ m^3(折合 14.13 ppmV),CO_2小于 3 %(φ)。

据重庆净化总厂某分厂的调查,该厂脱硫前原料天然气 H_2S 含量典型值为:5 400 ~ 5 700 mg/m^3,折合 3 818 ~4 030 ppm (0.38% ~0.40%)V;脱硫后产品天然气 H_2S 含量典型值为:4 ~9 ppmV,折合 5.66 ~12.73 mg/m^3。

H_2S 含量单位换算:1 mg/m^3 = 0 707 ppmV,1 ppmV = 1.414 mg/m^3(20 ℃,101.325 kPa)。

(2)硫化氢分析仪选用意见

脱硫前原料天然气 H_2S 含量可选用紫外吸收法硫化氢分析仪进行测量。醋酸铅纸带比色法分析仪测量范围窄,仅能进行微量分析,硫化氢含量 50 ppm 以上时必须增加稀释系统,从而带来测量误差,不建议选用。

脱硫后产品天然气 H_2S 含量测量可选用醋酸铅纸带比色法或紫外吸收法微量硫化氢分

析仪进行测量。

据生产厂家产品资料介绍,激光光谱法硫化氢分析仪测量范围较宽,常量、微量均可测量,但该种仪器目前在我国使用数量很少,缺乏足够的应用业绩和现场验证数据,建议慎重选用。

2.2.5　脱水单元微量水分析仪的选用

(1)脱水要求和微量水分含量

天然气脱水方法主要包括三甘醇(TEG)吸收法、分子筛吸附法、低温分离法等。三甘醇(TEG)吸收法应用最为广泛。分子筛吸附法是高效脱水方法,以前主要用于天然气中微量组分的脱除,近些年来随着抗酸性分子筛的问世,即使高酸性天然气也可以在不脱酸性气体情况下脱水。分子筛脱水技术在国外已广泛应用于高含硫气田,随着对安全和环保的日益重视,国外近期建成的高含硫天然气脱水装置基本均为分子筛脱水。

根据我国商品天然气质量指标(GB 17820—2018)的要求,脱水后天然气的水露点应比输送条件压力下的最低环境温度低 5 ℃。我国川渝地区要求天然气脱水后应使其水露点 ≤ −13 ℃ 后外输(管输压力下的水露点)。

管输压力为 5 MPaA 时,在 5 MPaA 下的水露点 ≤ −13 ℃(1 959 ppmV),折合常压下的水露点 ≤ −50 ℃(11.2 ppmV)。

管输压力为 7 MPaA 时,在 7 MPaA 下的水露点 ≤ −13 ℃(1 959 ppmV),折合常压下的水露点 ≤ −53 ℃(26.5 ppmV)。

据重庆净化总厂某分厂调查,该厂采用三甘醇(TEG)法脱水,天然气脱水后微量水分含量典型值为:14 ~ 20 ppmV,异常工况下可能会超过 50 ppmV;如果采用分子筛脱水,脱水后天然气中水的体积分数可达到 $0.1 \times 10^{-6} \sim 10 \times 10^{-6}$(0.1 ~ 10 ppmV)。

(2)微量水分析仪选用意见

我国川渝地区天然气处理加工中使用的在线微量水分仪,有电解式、电容式、晶振式、激光式、近红外式等几种类型。从使用情况看,这几种仪器各有优缺点,大体上可满足测量天然气微量水分的要求。对于仪器的选用,提出如下意见仅供参考:

目前,我国天然气处理厂和管道输送中,使用 AMETEK3050 晶体振荡式微量水分仪较多,约占总数的 50%,从使用情况看,主要存在以下两个问题:

a. 部件(如干燥器、水分发生器、传感器等)价格昂贵,更换频繁,维护成本过高;

b. 当天然气中含有重烃蒸气(油蒸气)时,石英晶体吸湿膜不但吸附水蒸气,也吸附油蒸气,致使水露点测量值偏低。根据塔里木油田和西南油气田采用冷镜法或激光法仪器与3050比对测试的结果,水露点温度相差 10 ℃ 以上(冷镜法或激光法测量值为 −14 ~ −15 ℃,而3050 测量值为 −26 ~ −27 ℃),从天然气处理的工艺原理分析,3050 的测量数据也是错误的。而且 3050 的吸湿膜吸附油蒸气后难以脱附,吸附油蒸气较多时不再吸附水蒸气,必须更换传感器。

据分析,出现上述问题的原因可能是:国外天然气经脱烃处理后,再用 AMETEK 3050 测其含水量,3050 不适用于我国一些未经脱烃处理(如西南油气田为气井气,未作脱烃处理)或天然气含重烃量高(如凝析井气、油田气)或脱烃处理不够彻底的天然气。

建议研制一种能除去天然气中的油蒸气和其他气雾,而不影响 3050 对微量水分(水蒸气)测量的样品处理装置。这种装置不但可以保护石英晶体传感器,其他湿度传感器(如电容传感器等)也是十分需要的。

建议优先选用电解式微量水分仪,因为这种仪器具有两方面的显著优势:其一是其测量方法属于绝对测量法,电解电量与水分含量一一对应,测量精度高,绝对误差小,测量探头一般不需要用其他方法进行校准;其二是这种仪器是目前唯一国产化的微量水分仪,具有价格上的显著优势(其价格是其他进口仪器的1/3到1/10)。早在40年前,我国化工部自动化研究所和成都分析仪器厂就开始研制和生产电解式微量水分仪,具有雄厚的技术基础,并可提供及时便捷的备件供应和技术服务。

目前,一些公司纷纷推出半导体激光微量水分仪,如我国的聚光公司、美国SS(Spectra Sensors)、GE、AMETEK公司,英国Mishell公司等。这种激光光谱法仪器的突出优点是其光源和检测器不与被测气体接触,天然气中含有的粉尘、气雾、重烃等对仪器的测量结果影响很小。目前存在的问题是:

a. 大多数厂家的产品测量下限仅能达到5 ppmV。个别厂家产品测量下限可达0.1~0.2 ppmV,但我国尚缺乏应用实例加以佐证。

b. 测天然气时,CH_4 对 H_2O 吸收谱线有重叠干扰,仪器出厂时对其进行了补偿修正,测量时要求 CH_4 浓度高于75%,如果 CH_4 含量低于75%,需要重新进行补偿修正,设定零点值。

德国 BARTEK BENKE 公司开发的 HYGROPHIL F5673 型近红外漫反射式微量水分仪是一种很有前途的天然气水露点分析仪,其突出优点是测量探头可直接安装在输气管道中,不需要取样系统,避免了取样部件对水分子的吸附,可以更真实地测得管输天然气在压力状态下的水露点。

根据现场调查,有些用户对电容式微量水分仪持否定态度,反映这种水分仪示值容易漂移,需频繁校准,给工作造成不便和麻烦。

电容式微量水分仪的固有缺陷是其氧化铝湿敏传感器探头存在"老化"现象,需要经常校准。为了解决老化问题,各国的研究人员做过多种尝试,但都未能从根本上解决"老化"问题。目前的唯一办法是定期校准,一般是一年左右校准一次,有时需半年一次。建议生产厂家供货时提供两个测量探头,一个使用,一个送厂家校准,以免影响正常监测,同时应改进售后服务,及时方便地校准探头。

虽然电容式微量水分仪存在容易漂移、需频繁校准的缺点,但与其他几种水分仪相比,它也具有一些独到的优势,例如它不仅可测气体,也可测液体中的微量水;不仅可测微量水分,也可测常量水分;其湿敏探头灵敏度高(露点测量下限可达 −110 ℃)、响应速度快(一般为0.3~3s);样品流量波动和温度变化对测量的准确度影响不大等。因此,这种微量水分仪还是很受欢迎的,目前我国乙烯、聚乙烯、聚丙烯等装置大多采用这种电容式仪器测量微量水分。

2.2.6 凝液回收单元色谱分析仪的选用

(1)凝液(NGL)回收主要产品和分析要求

天然气处理、加工产品主要有液化天然气、天然气凝液、液化石油气、天然汽油等。根据回收目的,天然气凝液回收单元可分为以下两类工艺流程,一类是以回收 C_3^+ 烃类为目的的工艺流程,主要生产以 C_3、C_4 为主要组分的液化石油气和以 C_5 以上组分为主的天然汽油;另一类是以回收 C_2^+ 烃类为目的的工艺流程,主要生产乙烷、丙烷、LPG 和天然汽油或将 C_2^+ 以混合液烃送乙烯装置作为裂解原料。

根据制冷方法,天然气凝液回收单元又可分为冷剂制冷、透平膨胀机制冷、冷剂与透平膨胀机联合制冷三种工艺流程。

根据需要,在线色谱仪分别用来分析原料天然气的组成和脱甲烷塔、脱乙烷塔、脱丁烷塔塔顶、侧线或塔底产物的组成,指导工艺操作。当采用混合冷剂制冷工艺时,也用在线色谱仪分析混合冷剂的组成,指导冷剂配比。

(2) 色谱分析仪选用意见

天然气工业使用的在线色谱仪可以分为专用小型色谱仪和通用大型色谱仪两类。

在天然气集输或管输现场,由于难以提供仪表空气气源,所以均采用天然气专用的小型色谱仪。这种小型色谱仪不需要仪表空气,其进样阀、柱切换阀的驱动采用电磁阀,电气部分的防爆采用隔爆方式,而不采用正压充气方式,这是它的一大特点。

而 LNG 工厂和部分天然气处理厂,由于具有仪表空气供应源,可采用通用的大型色谱仪,这种大型色谱仪无论从功能和性能方面均比小型色谱仪要完善和优越,胜任多流路分析,可同时分析多个采样点的样品,它可安装 TCD、FID、FPD 检测器和多套色谱柱,可对无机物、碳氢化合物、硫化物及 He、H_2、O_2 等进行常量和微量分析。

2.3　天然气管道输送在线分析项目及仪器选用

2.3.1　天然气长输管道系统及管输天然气质量指标

图 2.2 为天然气长输管道系统构成图,我国管输天然气质量指标(SY/T 5922—2003)见表 2.3。

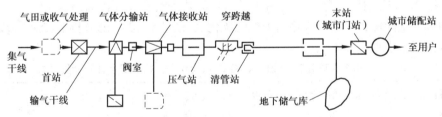

图 2.2　天然气长输管道系统构成图

2.3.2　在线分析项目、工况条件和样品组成

天然气长输管道系统包括输气首站、输气中间站(压气站、分输站等)、输气末站等多个站点。输气首站、中间站和末站一般均配置硫化氢、微量水、色谱分析仪这三种在线分析仪器,有的输气首站还配置在线烃露点分析仪。

这三种仪器的分析项目和作用如下:

(1) 气相色谱仪

在线气相色谱仪用于分析天然气的组成,计算出热值、密度和沃泊指数,测量组分为 C_1 ~

C_6^+(或 $C_1 \sim C_9^+$)、CO_2、N_2 等。其中大多数和流量计(超声波、涡轮、孔板流量计等)配套,用于天然气的体积或能量计量及贸易结算。

(2)H_2S 分析仪

H_2S 分析仪用于监测天然气的 H_2S 含量。H_2S 和 H_2O 结合会生成氢硫酸,腐蚀设备和管道。

表 2.3　我国管输天然气质量指标(SY/T 5922—2003)

项目	质量指标
高位发热量(mg/m^3)	>3.4
总硫(以硫计)(mg/m^3)	≤200
硫化氢(mg/m^3)	≤20
二氧化碳(v/v)	≤3.0%
氧气(v/v)	≤0.5%
水露点(℃)	在最高操作压力下,水露点应比最低输送环境温度低 5 ℃
烃露点(℃)	在最高操作压力下,烃露点应不大于最低输送环境温度

注:本标准中气体体积的标准参比条件是 101.325 kPa,20 ℃。

(3)微量水分析仪

微量水分析仪用于监测天然气的微量水分含量和水露点值,防止形成水合物或结冰堵塞,也防止电化学腐蚀及氢硫酸腐蚀。在一定的温度压力下,天然气中的某些组分(甲烷、乙烷、丙烷、异丁烷、CO_2、H_2S 等)能与水形成白色结晶状物质,其外形像致密的雪或松散的冰,称为水合物。其形成与水结冰完全不同,即使温度高达 29 ℃,只要压力足够高,仍然会形成水合物。一旦形成水合物,很容易在阀门、弯头、三通及其他部件等处造成堵塞,影响管道输送。

四川和重庆地区长距离管道输送天然气硫化氢、微量水、全组分分析取样点工况条件、样品组成和测量要求见表 2.4。

表 2.4　川渝管输天然气硫化氢、微量水、全组分分析工况条件和测量要求

在线分析仪器	工况条件(最小值~典型值~最大值)	介质组分(最小值~典型值~最大值)	测量范围
1. 硫化氢分析仪 2. 微量水分析仪 3. 色谱分析仪	温度:0 ℃~25 ℃~30 ℃ 压力:1 MPa~5 MPa~7 MPa 粉尘:微量 凝析油:碳7、碳8 的组分有时可能会凝析出来	甲烷:92%~97%~99% 乙烷:2%~4%~7% 丙烷:0.5%~0.85%~1.5% C_6^+:0.1%~0.4%~0.7% 氮气:0.1%~0.7%~1.5% CO_2:0.02%~0.2%~1%	H_2S:0~100 ppm (典型值:7~10 ppm,异常工况下可能会超过 50 ppm) H_2O:0~2 000 ppm (典型值:几百 ppm,异常工况下可能达到 1 000 ppm 以上) 色谱:全组分分析:$C_1 \sim C_6^+$、N_2、CO_2、密度、热值

天然气管输系统在线硫化氢、微量水、色谱分析仪的选用意见见2.2节中天然气处理厂在线分析仪器选用意见。

2.4 天然气取样和样品处理技术概述

本节及以下几节主要介绍天然气矿场、净化处理厂、集输和长输管道在线分析仪的取样和样品处理技术。

2.4.1 天然气的凝析和反凝析现象

天然气的凝析是指烃类气体混合物在特定的温度和压力下,将生成液相重烃的现象;反凝析是指在相同的温度下,当压力高于或低于特定压力时,液相的重烃会再度气化,气液混合物返回至单相气体状态的现象。

天然气凝析行为相当复杂,图2.3给出了天然气压力温度相图的示例。曲线的形状取决于气体组成,在临界点和正常的操作条件之间,相边界是一个复杂的函数。当气体压力或温度进、出相边界时,就可能发生"凝析"和"反凝析"现象。

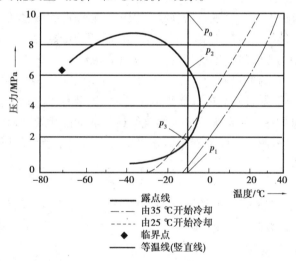

图2.3 天然气压力温度相图示例

以图2.3为例,分析天然气在不同的温度和压力下的凝析和反凝析现象。设天然气管道内的气体压力为p_0,气体初始温度为-10 ℃,如果天然气在等温的条件下减压膨胀,它就会沿着图中的竖线接近分析时的压力p_1。气体在p_0处于稳定的单相状态,并且继续保持这种状态直至p_2,p_2处于两相区的边界上。在p_2和压力更低的p_3之间是气体与凝析液体共存的两相区。在这个区域内,气相和液相的相对数量以及它们的组成是连续变化的。在低于p_3直到p_1的压力下,流体以气相再次出现。

如果从一个压力为p_0的天然气管道中取样并减压,当压力降至p_2以下时,取出的样品会出现两相。理论上分析,当压力降至p_3以下时,这两相又会重新合二为一,但实际上这个过程相当缓慢,此时取出的样品会出现两相共存状态,而两相共存的任何样品都不具有代表性,对其进行分析会造成较大测量误差。

此外,等温减压膨胀只是一种假设。事实上,根据焦耳-汤姆逊效应,在天然气减压膨胀过程中,气体温度会降低,降温幅度大约为 0.5 ℃/0.1 MPa,即压力每降低 0.1 MPa,温度下降约 0.5 ℃。图 2.3 中的虚线表示某一气体的减压降温过程,该气体的初始温度为 25 ℃,初始压力为 10 MPa。当压力降至 p_3 时,温度将降到 -10 ℃以下,此时该气体进入两相区,从而发生凝析。要想在到达 p_1(分析压力)的过程中不经过两相区,初始温度应达到 35 ℃,如图中的点划线所示。

从以上分析中可知,当从高、中压输气管道中取样时,在减压过程中必须保持其减压降温曲线不进入两相区,即其温度不低于烃露点温度。

2.4.2 天然气中的杂质及其危害

这里所说的杂质不是指天然气从井口采出时所携带的液体(水、液态烃)和固体(岩屑、腐蚀产物等),而是指天然气经过矿场分离后或处理厂净化后所夹带的微量粉尘和气雾,这些粉尘和气雾的来源有:

①天然气从井口采出,经矿场分离后送入管道集输,为了防止形成水合物,特别是在冬季寒冷情况下,要加入甲醇、乙二醇等水合物抑制剂,所以天然气中可能夹带微量的甲醇、乙二醇蒸气。

②采用醇胺法脱硫,天然气经脱硫塔顶除沫器后可能夹带的微量胺液飞沫。

③采用三甘醇脱水后,天然气中混杂的微量三甘醇(TEG)蒸气。

④采用分子筛脱水后,天然气中携带的微量分子筛粉尘。

⑤管输天然气中含有的微量 C_5、C_6 以上重烃,即所谓油蒸气,含量约在几十到几百 ppm;天然气脱烃处理不当可能导致较高的烃露点温度,使气体带有碳氢化合物飞沫。

⑥腐蚀性产物,如天然气所含硫化氢与输气管道生成的硫化亚铁(FeS)粉尘。

⑦天然气加压站,特别是 CNG 加气站压缩机出口天然气中携带的压缩机油蒸气。

其中,①、②、③、⑤、⑦蒸气属于气溶胶,粒度一般 ≤1 μm,④、⑥颗粒物粒度也很小,一般 ≤0.4 μm。

这些粉尘和气雾如不处理干净,将会污染在线分析仪器的传感器件、光学器件和色谱柱等,造成测量误差或运行故障。因此,被测样气必须经过精细的过滤处理,除去这些杂质后才能送分析仪进行分析。

2.4.3 设计取样和样品处理系统时的注意事项

设计天然气的取样和样品处理系统时,应注意以下几点:

(1)避免取出的样品出现气液共存现象

在取样和样品传输、处理过程中,应采取伴热保温措施,使样品的温度在任何压力下都应高于其烃露点和水露点。伴热温度至少应高于样品源温度 10 ℃。

管输天然气的输送压力最高可达 12 MPa,当将其减压至 0.1 MPa 以下时,气体的温度约降低 50~60 ℃。对这种高压天然气取样时,应参考天然气的温度压力相图,避免样品在减压降温过程中进入相边界之内,出现凝析现象。样品减压时应采取加热措施,然后伴热传输。

(2)通过多级过滤滤除颗粒物和气溶胶

天然气矿、处理厂、输气管线等场合工况条件和杂质含量各不相同,如前所述的粉尘和气溶胶微粒又很细小,设计样品处理系统时,应根据样品所含颗粒物、液滴、气溶胶的粒径大小、粒径分布及表面张力高低,按照过滤孔径由大到小的顺序,采用二至三级过滤逐步滤除这些杂质。

在天然气的样品处理中,国内外目前主要采用薄膜过滤器、聚结(纤维)过滤器和烧结过滤器来滤除这些颗粒物、液滴及气溶胶。美国和加拿大等国已研制出不少新型天然气样品处理器件,我们应及时了解这些新器件并熟悉其选型、使用和维护。

(3)吸附与解吸

某些气体组分被吸附到固体表面或从固体表面解吸的过程称为吸附效应,这种吸附力大多是纯物理性的,取决于与样品接触的各种材料的性质。样品系统的部件和管子应采用不锈钢材料,不能采用碳钢或其他类似多孔性材料(容易吸附天然气中的重组分、H_2S、CO_2 等)。密封件宜采用聚四氟乙烯等,而不能用硅橡胶,硅橡胶对许多组分都具有很高的吸附性和渗透性。

当测定微量的 H_2S、总硫和重烃时应特别注意这一点,因为这些组分具有强吸附效应,此时可采取以下措施:

①管材应优先采用硅钢管(一种内部有玻璃覆膜的316SS Tube 管,其价格较贵),如无这种管材,则应采用经抛光处理的 316SS Tube 管;

②对样品处理部件进行表面处理,如抛光、电镀某种惰性材料(如镍)来减少吸附效应;

③样品处理部件表面涂层,聚四氟乙烯涂层对 H_2S 有效,环氧树脂或酚醛树脂涂层也能减少或消除对含硫化合物或其他微量组分的吸附。

(4)泄漏和扩散

应对样品系统定期进行泄漏检查,微漏可能影响微量组分的测定分析,特别是分析微量水分时,即使样品在高压状态下,大气中的 H_2O 分子也会扩散到管子或样品容器中,因为组分的分压决定了扩散的方向。检漏可采用洗涤剂溶液,也可采用充压试漏。

(5)腐蚀防护

天然气中的腐蚀性组分主要是 H_2S、CO_2 等酸性气体,一般采用316 不锈钢材料。

样气中 H_2S 和 H_2O 含量较高(超出天然气管输要求),对在线色谱仪的色谱柱有一定危害,可在样品处理系统增加脱硫和除湿环节。

脱硫器中装入浸渍硫酸铜($CuSO_4$)的浮石管或无水硫酸铜脱硫剂(96% $CuSO_4$,2% MgO,2% 石墨粉),可脱除 H_2S。此过程适用于 H_2S 含量 < 300 ppm 的气样,对 CO_2 影响极小。除湿可采用粒状五氧化二磷 P_2O_5 或高氯酸镁 $Mg(ClO_4)_2$,装入直径为 10 ~ 15mm、长 100mm 的玻璃管干燥器中,当干燥剂约有一半失效时,需更换。脱硫器和干燥器均应装在紧靠色谱仪样品入口的管路中,并且脱硫器应装在干燥器的上游。

2.5　取样与取样探头

2.5.1　取样点的选择

在天然气管线上选择在线分析仪取样点的位置时,应遵循下述原则:

①取样点应位于能反映工艺流体性质和组成变化的灵敏点上;

②取样点应位于对过程控制最适宜的位置,以避免不必要的工艺滞后;

③取样点应选择在样品温度、压力、清洁度、干燥度和其他条件尽可能接近分析仪要求的位置，以便使样品处理部件的数目减至最小；

④在线分析仪的取样点和实验室分析的取样点应分开设置。

尽可能避免以下情况：

①不要在一个相当长而直的管道下游取样，因为这个位置流体的流动往往呈层流状态，管道横截面上的浓度梯度会导致样品组成的非代表性。

②避免在可能存在污染的位置或可能积存有气体、蒸汽、液态烃、水、灰尘和污物的死体积处取样。

③不要在管壁上钻孔直接取样。在管壁上钻孔直接取样，一是无法保证样品的代表性，不但流体处于层流或紊流状态时是这样，处于湍流状态时也难以保证取出样品的代表性；二是由于管道内壁的吸收或吸附作用会引起记忆效应，当流体的实际浓度降低时，又会发生解吸现象，使样品的组成发生变化，特别是对微量组分进行分析时（如微量水、氧、一氧化碳、乙炔等），影响尤为显著。所以，样品均应当用插入式取样探头取出。

2.5.2　直通式取样探头

直通式取样探头（图 2.4）一般是剖口呈 45°角的杆式探头，开口背向流体流动方向安装，利用惯性分离原理，将探头周围的颗粒物从流体中分离出来，但不能分离粒径较小的颗粒物。在线分析中使用的取样探头大多是这种探头。

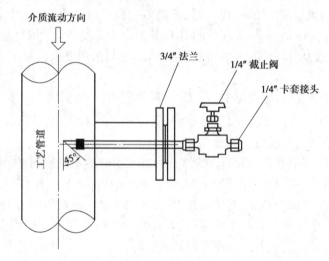

图 2.4　直通式取样探头

对于含尘量 < 10 mg/m³ 的气体样品，可采用直通式（敞开式）探头取样。在天然气处理厂和一部分中、低压输气管线上，多采用这种直通式探头取样，这种探头也用在一部分高压输气管线上。样品取出后经前级减压即可输送，样品传输管线需伴热保温。

直通式取样探头一般采用 316 不锈钢管材制作，探头内部的容积应限制其尺寸尽可能减小。

①探杆的规格一般采用 6 mm 或 1/4″OD Tube 管制作。

②探头的长度主要取决于插入长度，为了保证取出样品的代表性，一般认为插入长度至少等于管道内径的 1/3。

③探头的插入方位。水平管道：探头应从管道顶部插入，以避开可能存在的凝液或液滴；垂直管道：从管道侧壁插入。

2.5.3　过滤式取样探头

对于含尘量较高（＞10 mg/m³）的气体样品，可采用过滤式探头取样。

所谓过滤式取样探头，是指带有过滤器的探头，过滤元件视样品温度分别采用烧结金属或陶瓷（＜800 ℃）、碳化硅（＞800 ℃）。

过滤器装在探管头部（置于工艺管道或烟道内）的称为内置过滤器式探头，装在探管尾部（置于工艺管道或烟道外）的称为外置过滤器式探头。内置过滤器式探头的缺点是不便于将过滤器取出清洗，只能靠反吹方式进行吹洗，过滤器的孔径也不能过小，以防微尘频繁堵塞。这种探头用于样品的初级粗过滤比较适宜。

普遍使用的是外置过滤器式探头（图2.5），这种探头可以很方便地将过滤器取出进行清洗。当用于烟道气取样时，由于过滤器置于烟道之外，为防止高温烟气中的水分冷凝对滤芯造成堵塞（这种堵塞是由于冷凝水与颗粒物结块造成的），对过滤部件应采用电加热或蒸汽加热方式保温，使取样烟气温度保持在其露点温度以上。这种探头广泛用于锅炉、加热炉、焚烧炉的烟道气取样。天然气净化处理厂硫黄回收脱硫尾气灼烧排放，就使用这种过滤式探头取样监测烟道气中的二氧化硫含量。

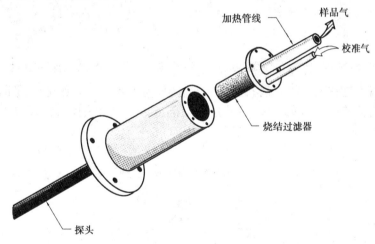

图2.5　一种外置过滤器式取样探头

无论是内置过滤器式探头还是外置过滤器式探头，都存在过滤器堵塞问题。用高压气体对过滤器进行"反吹"可使堵塞情况减至最少。反吹气体一般使用60～100 psi（0.4～0.7 MPa）的仪表空气或蒸汽，反向（与烟气流动方向相反）吹扫过滤器。反吹可以采取脉冲方式产生，使用一个预先加压的储气罐，突然释放的高压气流可以将过滤器孔隙中的颗粒物冲击出来。反吹管路应短而粗，管径采用φ12为宜。不可和样气管线共用（烟气样品管线管径为1/4 inch或φ6）。根据颗粒物的特性和含量，过滤器的反吹周期间隔时间从15分钟到8小时不等，反吹持续时间为5～10 s。

使用反吹系统时必须注意，反吹气体不可将探头冷却到酸性气体或水蒸气能够冷凝析出的温度，即反吹气体应当预先加热。

2.5.4　减压式取样探头

在中、高压天然气管道上,国外多采用减压式探头取样,这种探头的前端装有减压阀件,插入天然气管道先对样品进行减压,再将减压后的样品送出管道。其作用是利用流经探头外部天然气的热量,补偿探头内部样品因减压降温失去的热量,以免析出冷凝液体。

(1)Genie 减压式取样探头

美国 A$^+$公司生产的 Genie 减压式取样探头如图 2.6 所示。它由一个外壳和一个覆膜尖端探头式减压阀组成,如图 2.7 所示。探头带有的滤膜可滤除天然气中的冷凝物、胺、乙二醇、油类、微粒等液体和颗粒物,使在线分析仪免受污染和损害,在实现过滤功能时并不改变样品的组成。在滤膜的下游有减压阀件,可调出口气体压力,热量从管道流过的天然气中传递至减压探头,以防止过度的焦耳－汤姆逊致冷效应,从而防止在减压期间发生冷凝。

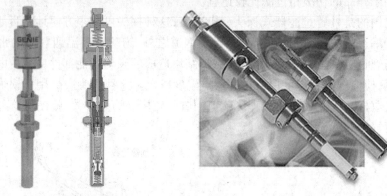

图 2.6　Genie 减压式取样探头　　　　图 2.7　探头(左)及其外壳(右)

外壳通过螺纹管接头垂直安装到天然气管道中,其下端有一个底阀,测量时将底阀打开,管道天然气从分离膜进入探头,减压后从探头上部出口流出。当探头需要取出检修时,可将底阀关闭,如图 2.8 和图 2.9 所示。

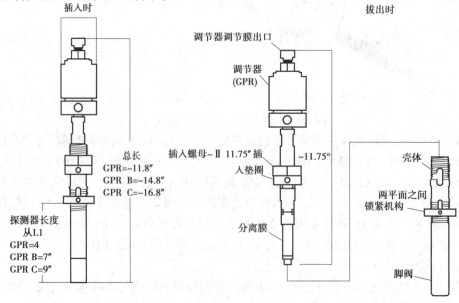

图 2.8　探头和外壳插入、拔出示意图

Genie 减压式取样探头可在 2 000 psig(14 MPaG,1 psig = 0.07 barg = 0.007 MPaG)压力下工作,外壳长度有 4 in、7 in、9 in 三种型号(1 in = 2.54 cm),可根据输气管道内径和探头插入深度加以选择。图 2.10 为 Genie 减压式取样探头在某城市门站天然气管道上的安装图。

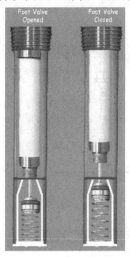

图 2.9　外壳下部的底阀打开和关闭时的情况

图 2.10　Genie 减压式取样探头在某城市门站天然气管道上的安装图

(2)Welker 减压式取样探头

Welker 公司有两种适用于天然气取样的减压式探头。一种是标准的带调压装置的采样探头,安装在管道上,该探头下端装有热翼片,其作用是当样品减压膨胀温度降低时,可通过翼片吸热从气流的热质中得到补偿。它不具有自动拔插功能,要求用户在减压截流的条件下拔出维护,其型号为 IRD-4SS,如图 2.11 所示。

另一种是带有插入拔出功能的调压式取样探头,型号为 IRA-4SS,可从受压管道插拔而不中断管道输送(最大适用压力为 1 800 psig = 12.6 MPa),如图 2.12 所示。

2.6　样品的减压与伴热传输

2.6.1　高压天然气样品的减压

气体的减压一般在样品取出后立即进行(在根部阀处就地减压),特别是高压气体的减压,因为传送高压气体有发生危险的可能,并且会因迟延减压造成的大膨胀体积带来过大的时间滞后。样品取出后立即进行的减压通常称为前级减压或初级减压,以便与此后在分析仪近旁进行的进一步减压和压力调节相区别。

采用直通式探头将高压天然气样品取出后,在取样点根部阀后设置减压阀,将样气压力降低至 0.1 MPa(G)(可略高于 0.1 MPa),并通过样品传输管线伴热保温传送出去。

高压气体(6.3 MPa 以上)的减压应注意以下问题:

根据焦耳–汤姆逊效应,气体降压节流膨胀会造成温度急剧下降,可能导致某些样品组分冷凝析出,周围空气中的水分也会冻结在减压阀上而造成故障。因此,视情况可采用带伴

37

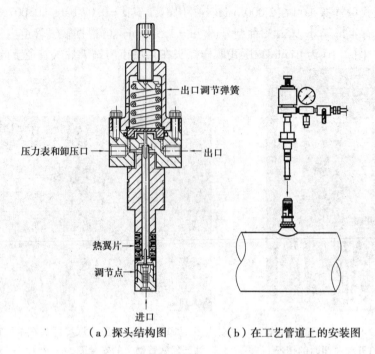

（a）探头结构图　　　（b）在工艺管道上的安装图

图 2.11　Welker 减压式取样探头结构和安装图

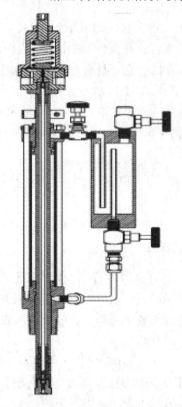

图 2.12　Welker IRA-4SS 型减压式取样探头

热的减压阀或在前级处理箱中设置加热系统。

高压气体减压系统设计时,降温幅度可按 0.3 ℃/0.1 MPa(无机气体)、0.5 ℃/0.1 MPa(有机气体)粗略估算,即压力每降低 0.1 MPa,温度下降 0.3~0.5 ℃。

在高压减压场合,为确保分析仪的安全,分析小屋之前的样品管线上应装安全阀来加以保护,以免减压阀失灵时高压气体串入后续样品处理系统或分析仪而造成损坏。有的厂家为了确保安全,还在高压管线上加装防爆片做进一步保护,因为安全阀有时会"拒动作",且其启动时的排放能力不足以提供完全的保护。

当取样点样品压力较高或环境温度较低时,应采用带蒸汽或电加热的减压阀减压,并应妥善进行取样系统的伴热保温设计,以免样品减压降温之后低于烃露点或水露点时出现凝析现象。

蒸汽加热减压阀和电加热减压阀的结构如图 2.13 和图 2.14 所示。由于天然气长输管道现场缺乏伴热蒸汽来源,一般均采用电加热减压阀。受防爆条件限制,电加热减压阀的加热功率不大(一般不超过 200 W),在寒冷地区和高压天然气场合使用时,可采取以下两项措施加以改进:一是将电加热减压阀安装在敷设有保温材料的现场减压箱内;二是采用两个电加热减压阀串联运行,以提高加热功率。

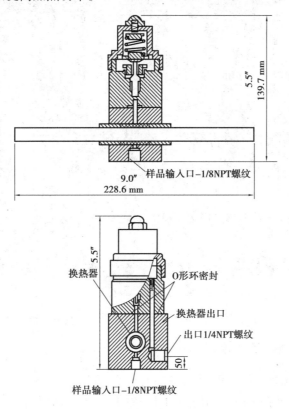

图 2.13　蒸汽加热减压阀结构图

某天然气长输管道位于取样点根部的现场减压箱如图 2.15 所示。减压箱前装有过滤器以滤除颗粒物和粉尘,减压阀为电加热减压阀,减压阀后装有安全泄压阀以确保后续设备安全,减压箱敷设保温材料。

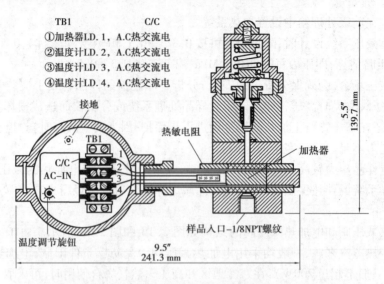

图 2.14　电加热减压阀结构图

图 2.15　某天然气矿取样点近旁的现场减压箱

2.6.2　样品的伴热保温传输

伴热保温是指利用蒸汽伴热管、电伴热带对样品管线加热来补充样品在传输过程中损失的热量,以维持样品温度在某一范围内。由于缺乏伴热蒸汽来源,天然气长输管道现场的样品管线均采用电伴热系统保温,某天然气管道安装的电伴热样品传输管线和分析小屋如图2.16所示。

(1)电伴热带

在线分析样品管线电伴热系统中采用的伴热带有:自调控电伴热带、恒功率电伴热带、限功率电伴热带。这三种均属于并联型电伴热带,它们是在两条平行的电源母线之间并联电热元件而构成的。

图 2.16　某天然气取样点的电伴热样品传输管线和分析小屋

样品传输管线的电伴热目前大多选用自调控电伴热带,一般无需配温控器。样品温度较高时(如 CEMS 系统的高温烟气样品)可采用限功率电伴热带。

恒功率电伴热带的优势是成本低,缺点是不具有自调温功能,容易出现过热。它主要用于工艺管道和设备的伴热,用于样品管线伴热时必须配温控系统。

串联型电伴热带是一种由电缆芯线作发热体的伴热带,即在具有一定电阻的芯线上通以电流,芯线就发出热量,发热芯线有单芯和多芯两种,它主要用于长距离管道的伴热。

①自调控电伴热带又称功率自调电伴热带,是一种具有正温度特性、可自调控的并联型电伴热带。某公司自调控电伴热带的结构如图 2.17 所示。

自调控电伴热带由两条电源母线和在其间并联的导电塑料组成。所谓导电塑料,是在塑料中引入交叉链接的半导体矩阵制成的,它是电伴热带中的加热元件。当被伴热物料温度升高时,导电塑料膨胀,电阻增大,输出功率减少;当物料温度降低时,导电塑料收缩,电阻减小,输出功率增加,即在不同的环境温度下会产生不同的热量,具有自行调控温度的功能。它可以任意剪切或加长,使用起来非常方便。

这种电伴热带适用于维持温度较低的场合,尤其适用于热损失计算困难的场合。其输出功率(10 ℃时)有 10、16、26、33、39 W/m 等几种,最高维持温度有 65 ℃和 121 ℃两种。所谓最高维持温度,是指电伴热系统能够连续保持被伴热物体的最高温度。

在线分析样品传输管线的电伴热大多选用自调控电伴热带。一般情况下无需配温控器,使用时注意其启动电流约为正常值的 3~5 倍,供电回路中的元器件和导线选型应满足启动电流的要求。

②恒功率电伴热带也是一种并联型电伴热带,图 2.18 是一种恒功率电伴热带的结构图。它有两根铜电源母线,在内绝缘层 2 上缠绕镍铬高阻合金电热丝 4。将电热丝每隔一定距离(0.3~0.8 m)与母线连接,形成并联电阻。母线通电后各并联电阻发热,形成一条连续的加热带,其单位长度输出的功率恒定,可以任意剪切或加长。

这种电伴热带适用于维持温度较高的场合。其最大优势是成本低,缺点是不具有自调温功能,容易出现过热,用于在线分析样品系统伴热时,应配备温控系统。

③限功率电伴热带也是一种并联型电伴热带,其结构与恒功率电伴热带相同,如图 2.19 所示。不同之处是它采用电阻合金加热丝,这种电热元件具有正温度系数特性,当被伴热物料温度升高时,可以减少伴热带的功率输出。同自调控电伴热带相比,其调控范围较小,主要作用是将输出功率限制在一定范围之内,以防过热。

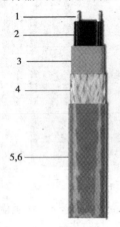 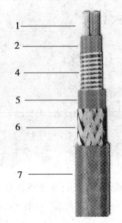 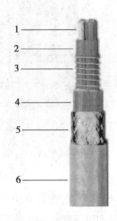

图 2.17　某公司自调控电伴热带

1—镀镍铜质电源母线;2—导电塑料;3—含氟聚合物绝缘层;4—镀锡铜线编织层;5—聚烯烃护套(适用于一般环境);6—含氟聚合物护套(适用于腐蚀性环境)

图 2.18　恒功率电伴热带

1—铜电源母线;2、5—含氟聚合物绝缘层;3—电热丝与母线连接(未显示);4—镍铬合金电热丝;6—镀镍铜线编织层;7—含氟聚合物护套

图 2.19　限功率电伴热带

1—铜质电源母线;2、4—含氟聚合物绝缘层;3—电阻合金电热丝;5—镀镍铜线编织层;6—含氟聚合物护套

这种电伴热带适用于维持温度较高的场合,其输出功率(10 ℃时)有 16、33、49、66W/m 等几种,最高维持温度有 149 ℃和 204 ℃两种。它主要用于 CEMS 系统的取样管线,对高温烟气样品伴热保温,以防烟气中的水分在传输过程中冷凝析出。

(2)电伴热管缆

电伴热管缆是一种将样品传输管、电伴热带、保温层和护套层装配在一起的组合管缆。

图 2.20 是美国 Thermon 公司自调控电伴热管缆的结构图。这种电伴热管缆适用于维持温度较低的场合,最高维持温度有 65 ℃和 121 ℃两种,被伴热样品管的数量有单根和双根两种。

图 2.21 是德国 M&C 公司 Type - 4/EX 防爆型限功率电伴热管缆的结构图。

这种电伴热管缆的样品管采用聚四氟乙烯管,尤其适用于传输气体中含腐蚀性组分的场合(如酸性气体),其输出功率(20 ℃时)有 100、110、120W/m 等几种,最高维持温度可达 250 ℃,适用于 CEMS 系统高温烟气样品的伴热保温传输。它是一种挠性管缆,便于安装施工,内部的样品管一旦损坏,可取出更换,而无需更换整根管缆。

伴热管缆省却了现场包覆保温施工的麻烦,使用十分方便。其防水、防潮、耐腐蚀性能均较好,可靠耐用,值得推荐。

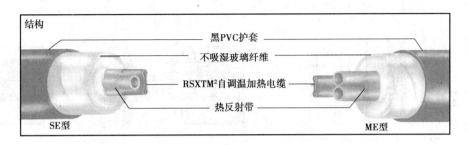

图 2.20　Thermon 公司自调控电伴热管缆

左—SE 型单根样品管管缆；右—ME 型双根样品管管缆；结构（从外到内）：护套层—黑色 PVC 塑料；保温层—非吸湿性玻璃纤维；热反射层—铝铜聚酯带；电伴热带—自调温加热电缆；样品管—有各种尺寸和材料的 Tube 管可选

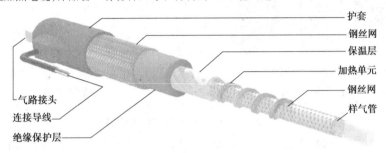

图 2.21　M&C 公司 Type－4/EX 防爆型限功率电伴热管缆

2.7　样品的过滤、除尘与除雾

对于天然气来说，样品处理的主要任务就是滤除天然气中含有的各种杂质，即前面所述天然气中夹带的各种微量粉尘和气雾。在天然气样品处理中，目前主要采用烧结过滤器、薄膜过滤器和纤维聚结过滤器等来滤除这些颗粒物、液滴及气溶胶。下面分别加以介绍。

2.7.1　烧结过滤器

烧结是一个将颗粒材料部分熔融的过程，烧结滤芯的孔径大小不均，在烧结体内部有许多曲折的通道。常用的烧结过滤器是不锈钢粉末冶金过滤器和陶瓷过滤器，其滤芯孔径较小，属于细过滤器。

（1）直通过滤器和旁通过滤器

直通过滤器又称在线过滤器，它只有一个出口，样品全部通过滤芯后排出。旁通过滤器又称为自清扫式过滤器，它有两个出口，一部分样品经过滤后由样品出口排出，其余样品未经过滤由旁通出口排出。

图 2.22 是 Swagelok 公司 Nupro FW 系列在线过滤器的结构图。

图 2.22 中的滤芯呈片状。图（c）是折叠网孔式滤芯，它由多层金属丝网折叠而成，过滤孔径有 2、7、15 μm 几种。其两边的固定筛用来支撑和固定滤芯。图（d）是烧结不锈钢滤芯，过滤孔径为 0.5 μm。

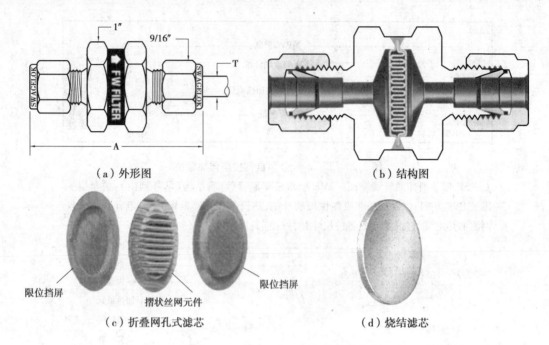

（a）外形图　　　　　　　　　　　（b）结构图

限位挡屏　　摺状丝网元件　　限位挡屏　　　　　　烧结滤芯

（c）折叠网孔式滤芯　　　　　　　（d）烧结滤芯

图 2.22　Nupro FW 系列在线过滤器

图 2.23 左部是 Nupro TF 系列旁通过滤器的结构图,右部是烧结不锈钢滤芯,过滤孔径有 0.5、2、7、15、60、90 μm 几种。

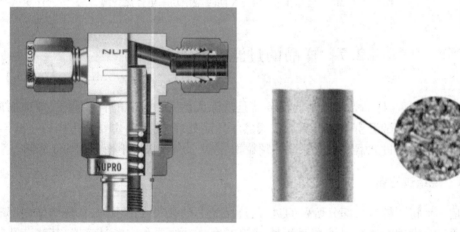

图 2.23　Nupro TF 系列旁通过滤器

（2）选择和使用烧结过滤器时应注意的问题

①正确选择过滤孔径。过滤孔径的选择与样品的含尘量、尘粒的平均粒径、粒径分布、分析仪对过滤质量的要求等因素有关,应综合加以考虑。如果样品含尘量较大或粒径较分散,应采用两级或多级过滤方式,初级过滤器的孔径一般按颗粒物的平均粒径选择,末级过滤器的孔径则根据分析仪的要求确定。

②旁通式过滤器具有自清洗作用,多采用不锈钢粉末冶金滤芯,除尘效率较高(过滤孔径可达 0.5 μm),运行周期较长,维护量很小,但只适用于快速回路的分叉点或可设置旁通支路之处。

③直通式过滤器不具备自清洗功能,其清理维护可采用并联双过滤器系统或反吹冲洗系统,后者仅适用于允许反吹流体进入工艺物流的场合和采用粉末冶金、多孔陶瓷材料的过滤器。

④过滤器应有足够的容量,以提供无故障操作的合理周期,但也不能太大,以免引起不能接受的时间滞后。此外,过滤元件的部分堵塞,会引起压降增大和流量降低,对分析仪读数造成影响。考虑到以上情况,样品系统一般采用多级过滤方式,过滤器体积不宜过大,过滤孔径逐级减小。至少应采用粗过滤和精过滤两级过滤。

⑤过滤器堵塞失效,大都不是机械粉尘所致,主要是由样品中含有冷凝水、焦油等造成的。出现上述情况时,一是对过滤器采取伴热保温措施,使样品温度保持在高于结露点 5 ℃以上;二是先除水、除油后再进行过滤,并注意保持除水、除油器件的正常运行。

2.7.2　薄膜过滤器

(1)薄膜过滤器的结构及特点

薄膜过滤器又称膜式过滤器,滤芯采用多微孔塑料薄膜,一般用于滤除非常微小的液体颗粒,多采用聚四氟乙烯材料制成。

气体分子或水蒸气分子很容易通过薄膜的微孔,因此样气通过膜式过滤器后不会改变其组成。但在正常操作条件下,即使是最小的液体颗粒,薄膜都不允许其通过,这是由于液体的表面张力将液体分子紧紧地约束在一起形成了一个分子群,而分子群又一起运动,使得液体颗粒无法通过薄膜微孔。因此,膜式过滤器只能除去液态的水,而不能除去气态的水。气样通过膜式过滤器后,其结露点不会降低。

A + 公司 200 系列 Genie 膜式过滤器的结构及其在样品处理中的应用如图 2.24 所示。

(2)薄膜过滤器的特点

①过滤孔径最小可达 0.01 μm;

②PTFE 薄膜具有优良的防腐蚀性能,除氢氟酸外,可耐其他介质腐蚀;

③PTFE 薄膜与绝大多数气体都不发生化学反应,且具有很低的吸附性,因此不会改变样气的组成和含量,可用于 ppm 甚至 ppb 级的微量分析系统中;

④操作压力最高可达 5 000 psig(350 barg);

⑤薄膜不但持久耐用,而且非常柔韧。

(3)使用注意事项

①由于分离膜是一种表面过滤器而不是深度过滤器,所以当微粒浓度高时膜的负载增速很快,因此需要在膜的上游使用深度过滤器对较脏的样气进行充分的初级粗过滤。

②当膜前后压差过大时,液滴被挤压会强行通过这种相位分离膜,例如在膜的下游用隔膜泵或喷射泵大量抽吸样气时,就可能出现这种情况,所以要控制膜两边的压差不超过允许限值。还有一种办法是增配 Liquid Block™ 液体阻块,如图 2.25 所示。这种阻块有一个内阀,当膜压差超过设定值时启动并限制流体通过滤膜。此外,它还具有当液体或微粒含量过高时完全关闭的功能,可以为分析仪提供最大限度的保护。当过量液体排入旁通流路时,它会自动复位。

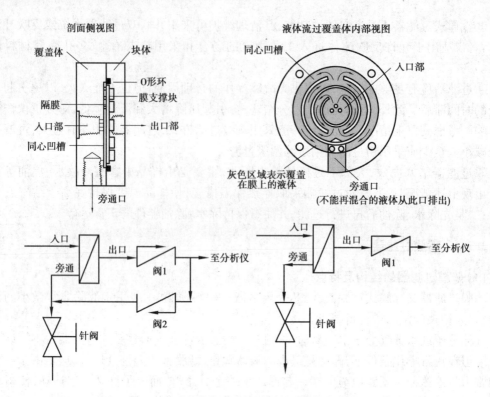

图 2.24 A + 公司 200 系列 Genie 膜式过滤器
（注：为了使薄膜正常运行，一定要有旁流。）

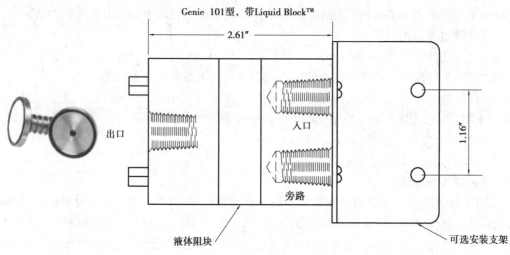

图 2.25 Liquid Block™ 液体阻块

一定要在分离膜前设置旁通流路并保持较大流量，旁通流量与分析流量之比应为（3～5）：1，其作用之一是用旁通气流冲洗滤膜表面，带走分离出的液体和颗粒，减少了与膜接触的杂质数量以防堵塞，其二是降低样品传输滞后时间。

可能出现的故障为膜老化、变脏、堵塞，此时可更换备用的天然气专用 GP-506 BTU 滤膜，每套备件 5 个滤膜。

2.7.3　纤维聚结过滤器

（1）聚结过滤器

大多数气体样品中都带有水雾和油雾,即使经过水气分离后,仍有相当数量粒径很小的液体颗粒物存在。这些液体微粒进入分析仪后往往会对检测器造成危害。采用聚结过滤器可以有效地对其进行分离。其典型结构如图 2.26 所示。

聚结过滤器中的分离元件是一种压紧的纤维填充层,通常采用玻璃纤维(也有采用聚丙烯纤维或超细金属丝的)。当气样流经分离元件时,玻璃纤维拦截悬浮于气体中的微小液滴,不断涌来的微小液滴受到拦阻后,流速突变,失去动能,会像滚雪球那样迅速聚集起来形成大的液滴,从而达到分离目的。这种大液滴在重力作用下,向着纤维填充层的下部流动,并在重力作用下滴落到聚结器的底部出口排出。未滴落的液滴再聚集不断涌来的小滴,继续其聚结过程。

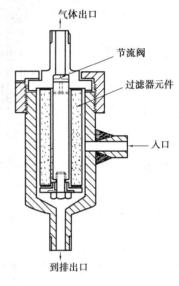

气体出口

节流阀

过滤器元件

入口

到排出口

图 2.26　聚结过滤器的典型结构

聚结器能有效实现气雾状样品的气–液分离。即使玻璃纤维层被液体浸湿,仍然会保持分离效率,除非气样中含有固体颗粒物并堵塞了分离元件,其使用寿命是不受限制的。需要注意的是,聚结器只能除去液态的水雾,而不能除去气态的水蒸气,即气样通过聚结器后,其结露点不会降低。

（2）气溶胶过滤器

所谓气溶胶,是指气体中的悬浮液体微粒,如烟雾、油雾、水雾等,其粒径小于 1 μm,采用一般的过滤方法很难将其滤除。

图 2.27 是德国 M&C 公司 CLF 系列气溶胶过滤器的结构图。该过滤器适用于气体样品中各种类型气溶胶的过滤。过滤元件是两层压紧的超细纤维滤层,气样中的微小悬浮粒子在通过过滤元件时被拦截,并聚结成液滴,在重力作用下垂直滴落到过滤器底部。从以上工作原理可以看出,气溶胶过滤器实际上也是一种聚结过滤器。

气溶胶过滤器最有效的安装位置是在样品处理系统的下游、分析仪入口的流量计之前。过滤元件被流体饱和时仍能保持过滤效率,除非被固体粒子堵塞,其寿命是无限的。过滤器的工作情况可以通过玻璃外壳直接观察到,而不需要打开过滤器进行检查。分离出的凝液可以打开 GL25 帽盖排出,或接装蠕动泵连续排出。

以 CLF-5 型为例,样品温度:max. +80 ℃;样品压力:0.2 ~ 2 bar abs.;样品流量:max.300 NL/hr;样品通过过滤器后的压降:1 kPa;过滤效果:粒径 >1 μm 的微粒99.9999% 被滤除。

47

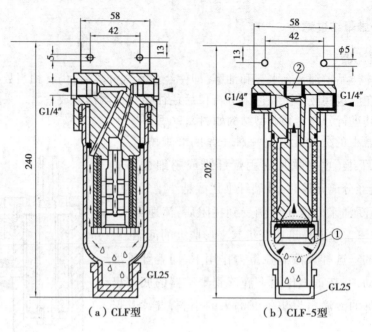

（a）CLF型　　　　　　　（b）CLF-5型

图 2.27　M&C CLF 系列气溶胶过滤器

2.8　取样和样品处理系统设计示例

2.8.1　天然气热值色谱仪的取样和样品处理系统

图 2.28 是天然气热值色谱仪的样品处理系统流路图。图中,MF 为膜式过滤器;F1、F2、F3 均为 0.5 μm 的烧结金属过滤器;CV 为单向阀。

下面对图 2.28 中的有关环节加以说明。

（1）取样

现场样品管线一般为 1/4 in(1 in = 2.54 cm)或 1/8 in OD 316SS 不锈钢管,出口压力要求减至 15 psig (0.105 MPaG)左右。若探头壳体长度为 9 in,则所使用的 Genie 探头型号为 GPR-206-SS-014-C,具体参数见表 2.5。配套附件包括压力表、球阀及安全阀,型号为 GPR-ACC-1112,具体参数见表 2.6。

表 2.5　所选 Genie 探头技术参数

型号	出口压力范围	壳体长度	调节器出口
GPR-206-SS-014-C	（0 ~ 50）psig	9 in	1/4 in FNPT

表 2-6　配套附件技术参数

型号	压力表量程	安全阀预设	球阀外部接口
GPR-ACC-1112	（0 ~ 60）psig	60 psig	1/8 in 管连接器

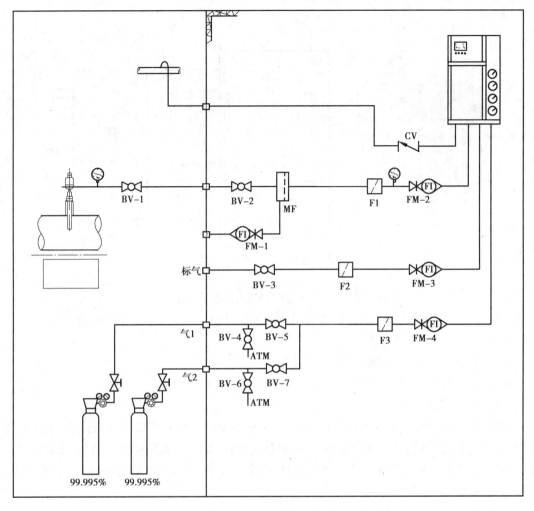

图 2.28　天然气热值色谱仪样品处理系统流路图

(2)样气传输

样品输送管线最大长度不宜超过 10m,否则延时较长。对较冷的应用环境,必须对样品管线伴热保温,可采用自限温防爆电伴热管缆。管线的铺设应尽量走直线,避免直角、锐角。

(3)Genie 膜式过滤分离器

由于减压节流效应可能冷凝出液体,因此在流路中安装了 Genie101 型膜式过滤分离器,如图 2.29 所示。

这种滤膜的过滤精度为 0.01 μm,可以 100% 去除样气中夹带的液滴和微粒。滤膜内含有气体分子可以轻松通过的微孔通道,而液滴是由大量紧紧聚结在一起从而形成"聚结群"的分子组成的,在正常操作压力下它们太大了而无法通过这些微小孔道。因此,即使是最小的液滴和微粒都可以从气流中分离出来,而所有的气体或蒸气分子都可以通过膜而不会破坏样品气体的组成。

①Genie101 的技术规格。

最大容许工作压强:3 500 磅/平方英寸(psig)

最高温度:　　　　185°F(85 ℃)

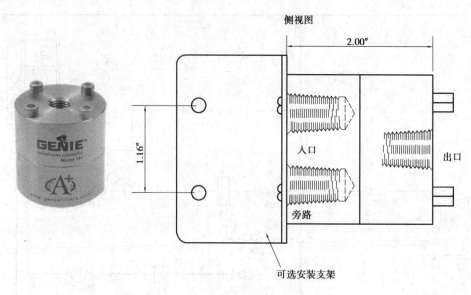

图 2.29　Genie101 型膜式过滤分离器

建议膜的最大流量:6 L/min(最大流量时膜前后可以产生约 2 psig 的膜压差)

内部容积:　　　13.758 cm³

进、出口尺寸:　　1/4in 阴螺纹(FNPT)

出口压力范围 0～10,0～25,0～50,0～100,0～250,0～500 磅/平方英寸(psig)

②Genie 滤膜的类型。

有四种基本类型:Type 5、BTU、Hi－Flow 和 Hi－Flow Backed 型膜,这四种膜对微米级以下微粒的过滤效果都很好。其中 Hi－Flow 和 Hi－Flow Backed 的孔径相对稍大,所需膜压差小,适用于对天然气进行粗滤。Type 5 和 BTU 的孔径更小一些,所需膜压差稍大,适用于对天然气进行细过滤。

(4)末级保护性过滤器

最后用过滤孔径为 0.5 μm 的过滤器对进入色谱仪前的样气、载气及标气进行保护性除尘。

2.8.2　微量水分析仪的取样和样品处理系统

(1)美国 A⁺ 公司提出的样品处理方案

图 2.30 是 A⁺ 公司提出的天然气微量水分析仪样品处理方案。该方案对管输天然气样品进行三级过滤处理,用以保护微量水分析仪,使其免受天然气夹杂的液体(乙二醇、胺、油类、液化烃等)带来的损害,而不改变样品组成和微量水分含量。

第一级为 Genie 减压式取样探头的滤膜,对天然气样品进行初级粗过滤,滤除大粒径液体和固体颗粒。

第二级为 Genie 膜式过滤分离器,对样品进行进一步的精细过滤,除去小粒径液体和固体颗粒。

第三级为 Glysorb 吸附剂滤筒,内装专有技术的吸附剂,可为天然气微量水分仪提供保护,如图 2.31 所示。装有 Glysorb 吸附剂滤筒的过滤器见表 2.6。

这种吸附剂用于吸收样品气体中以气雾(气溶胶)形式存在的乙二醇、润滑油、胺、阻蚀剂等化合物,但不会改变样品气体的水分含量。这些物质如果不除去的话,会和微量水分仪电解池中的 P_2O_5 发生反应(胺会与 P_2O_5 涂层发生反应,乙二醇会被 P_2O_5 分解产生 H_2O 分子,引起仪表读数偏高),会使三氧化二铝电容传感器及晶体振荡传感器失效。此外,如果乙二醇不除去的话,会污染分析仪的采样系统,为此需要停工清理,造成较大损失。

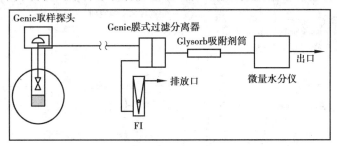

图 2.30　A^+ 公司天然气微量水分析仪样品处理方案

图 2.31　Glysorb 吸附剂滤筒和过滤器

表 2.7　装有 Glysorb 吸附剂滤筒的过滤器

壳体型式			技术规格				滤筒类型			
	过滤器类型	分析仪类型	结构材料	额定压力	密封材料	端连接	Glysorb Plus	Megas Glysorb	Ultra Glysorb	Super Glysorb
Swagelok TF®	T-形	便携式	316 不锈钢	6000	客户自选	客户自选	X			
410	串联式	在线式	316 不锈钢	2000	viton	1/4" FNPT		X		
420	T-形	在线式	316 不锈钢	2000	viton	1/4" FNPT			X	
Super	串联式	在线式	304L不锈钢	1800	N/A	1/4" MNPT				X

(2)天华科技设计的样品处理系统

图2.32是天华科技(天华化工机械及自动化研究设计院)设计的天然气样品处理系统流路图。该系统适用于天然气杂质含量较高、工况条件复杂的场合使用。

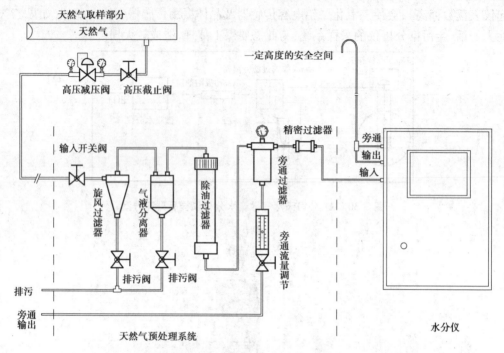

图2.32 天华科技天然气微量水分仪样品处理系统

①高压减压阀:用不锈钢高压减压阀将天然气压力减到0.2 MPa左右。

②旋风分离器:如图2.32所示,利用高速气旋离心分离除去机械杂质、尘雾、油滴等。注意:入口样气压力须 >0.15 MPa才能形成高速气旋。

③气液分离罐:进行初次气液分离。

④除油过滤器:是一种可更换滤芯、带观察窗的滤筒,滤芯采用不吸水的细丝,如聚丙烯、聚四氟乙烯、不锈钢丝及蒙乃尔合金网。使用一段时间后,可用洗涤剂清洗烘干后重新使用。

⑤旁通过滤器:具有自清洗作用,保持一定旁通流量(300~500 mL/min)可将不断过滤下来的杂质带走排出。

⑥精密过滤器:采用粉末冶金烧结过滤器进行杂质、油雾的再过滤。

样品处理过程为:天然气经取样口根部高压截止阀后,进入高压减压阀,经减压后的天然气(0.2 MPa)首先进入样品处理系统,经过旋风分离器惯性分离去除粒径为20~50 μm的杂质,随后进入气液分离罐去除可能存在的(特别是在系统投运初期)较大液滴。然后经除油过滤器将油雾去除,再经旁通过滤器去除粒径5 μm以上杂质,经精密过滤器去除粒径0.1 μm以上杂质后进入微量水分仪加以测量。

2.8.3 硫化氢分析仪的样品处理系统

AMETEK 933型微量硫化氢分析仪的样品处理系统是一种三级过滤器模块组件,主要用于天然气样品的过滤除雾,如图2.34所示。

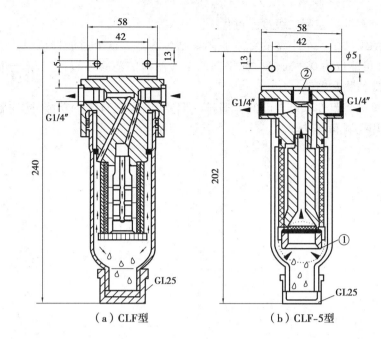

（a）CLF型　　　　　　　（b）CLF-5型

图 2.33　旋风分离器

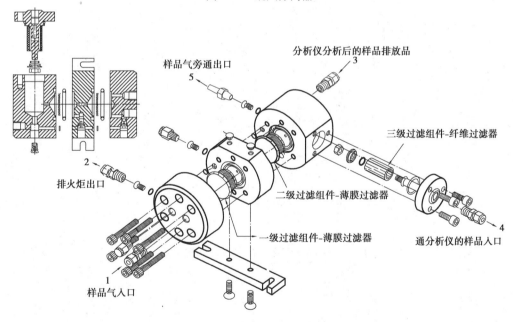

图 2.34　AMETEK 933 的过滤器模块—三级过滤组件

第一级过滤组件是一个有特定大小孔洞的薄膜过滤器,其作用是对天然气进行粗滤。挥发性气体能够通过薄膜上的小孔,气压只会稍微降低。液体飞沫将留在进气口一端,因为它们的表面张力太高,无法通过孔洞。这个过滤器将除去固体颗粒和表面张力高的液体,如水、酒精、乙二醇和胺等。大多数的表面张力低的液体如碳氢化合物也将被除去。

第二级过滤组件也是一个薄膜过滤器。这个过滤器的孔洞比第一个要小。在本部分,少量表面张力低的液体如第一部分没有滤除的碳氢化合物会被除去。整个过滤模块中气体压力的降低大部分都发生在第二级过滤过程中。

第三级过滤组件是一个小型的纤维滤芯聚结过滤器。这个过滤器可以除去痕量的液体气溶胶(其尺寸可能仅为 0.1 μm)。如果前两个过滤器的薄膜破裂,这一部分将作为备用组件滤除遗漏的颗粒物和液滴。

上述每一级过滤组件都有自己的旁通排气回路,以实现自吹扫功能,防止颗粒物和液滴堵塞过滤器膜片孔洞和纤维滤芯。

第 **3** 章

脱硫酸性气硫黄回收、尾气处理在线分析技术

3.1 克劳斯法硫黄回收工艺在线分析技术

3.1.1 克劳斯法硫黄回收工艺简介

湿法脱硫工艺产生的含硫气体,通常称为酸性气。无论从硫资源的充分利用还是从环境保护方面考虑,酸性气中的硫均应加以回收。工业上目前主要采用克劳斯法将硫化氢转化成硫磺,予以回收。

克劳斯法硫黄回收工艺是通过在燃烧炉内的高温热反应和在转化器内的低温催化反应将酸性气中的 H_2S 转化为元素硫。某天然气净化厂克劳斯硫黄回收装置如图 3.1 所示,其工艺流程如图 3.2 所示。

(a) 克劳斯反应器

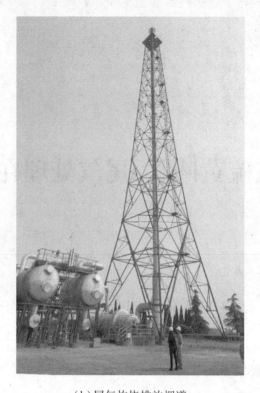

（b）尾气灼烧排放烟道

图 3.1　某天然气净化厂克劳斯法硫黄回收装置

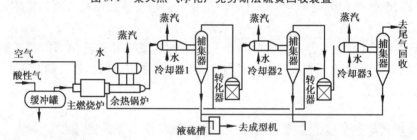

图 3.2　两级克劳斯法硫黄回收工艺流程图

　　其基本工艺是使含硫化氢酸性气在燃烧炉内进行不完全燃烧,按烃类完全燃烧和硫化氢的 5.3% 燃烧生成二氧化硫进行配风,通过不完全燃烧,使硫化氢和二氧化硫的分子比保持为 2:1,分别在燃烧器和转换器内发生以下反应:

（1）燃烧炉内发生的高温热反应

主反应:

$$H_2S + 1\frac{1}{2}O_2 \rightarrow SO_2 + H_2O + Q \tag{3.1}$$

$$2H_2S + SO_2 \rightarrow \frac{3}{X}S_X + 2H_2O + Q \tag{3.2}$$

副反应:烃类的燃烧反应及其他副反应。

（2）在转换器内发生的低温催化反应

主反应:

$$2H_2S + SO_2 \rightarrow \frac{3}{X}S_X + 2H_2O + Q \qquad\qquad (3.3)$$

副反应:二硫化碳和羰基硫的水解反应。

根据工艺反应机理,为了使硫黄尽可能完全地回收,使排放的废气中二氧化硫的体积分数最低,必须使燃烧炉处理的过程气中硫化氢和二氧化硫的分子比为 2:1,这是过程气在转化器中进行催化转化的最佳反应条件,而要使过程气催化转化之前达到最佳状态,就必须严格控制进入燃烧炉内的酸性气与空气的气/风比,从而控制适量的空气进入炉内。很明显,合理的控制方案和仪表,搞好燃烧炉进料气/风的控制操作,是维持该装置处于最佳工况的决定条件。

3.1.2　克劳斯法硫黄回收工艺配风量控制方案

(1)传统的单闭环比值控制方案

传统的酸性气配风方案一般采用常规的单闭环比值控制,其控制方案如图 3.3 所示。这是 20 世纪 80、90 年代硫黄回收比较常见的控制方式,由于进料酸性气流量和浓度不断变化,化验采样分析的周期比较长,在一定时期内只能按固定的配比进行控制,不能根据工艺的变化情况及时调整。因此,该方法具有很大的局限性,无法实现对转化炉硫比值(H_2S/SO_2)的精确控制,结果会导致转化率降低、回收率不高。

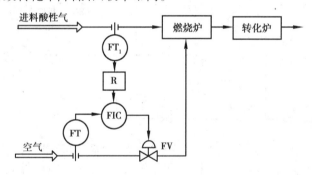

图 3.3　传统的单闭环比值控制方案

(2)中间参数(炉温)的串级控制方案

该控制方案以炉温为中间参数,对酸性气的配风比进行调节,实施硫比值间接控制,从而达到提高硫转化率的目的。由于硫化氢浓度变化是系统的主要扰动因素,其浓度越高,燃烧炉中主反应放热就越多,炉温也越高,且炉尾温度与硫化氢浓度近似呈线性关系。因此,可将炉尾温度作为中间参数,与比值调节系统构成串级比值调节系统,该控制方案如图 3.4 所示。

该方法适用于没有使用在线分析仪、无法对酸性气进行测量的场合,尽管可以获得相对较好的调节效果,但是却无法对转化炉中的硫比值实行精确和及时的调整。因此,也存在一定缺陷。

(3)基于硫比值在线分析的反馈控制方案

基于硫比值(H_2S/SO_2)在线分析仪的方案一般分为两部分:

①根据酸性气流量和浓度对空气量进行粗调的比值调节系统,其比值基本按照空气量/酸性气量 $\geq 2.38X$(X 为 H_2S 的百分比浓度)进行设定(在基于硫比值 H_2S/SO_2 在线分析仪的先进控制方案中,系数 2.38 是由化学反应方程式的系数和空气中氧气的百分比以及 H_2S 的百分比浓度换算得到的)。

②以尾气中过量的 H_2S 量(即$[H_2S] - 2[SO_2]$)或 H_2S/SO_2 比值为主控变量,以支线仪

表风为副控变量,由 H_2S/SO_2 比值分析仪与空气流量组成的对进料酸性气配风量进行微调的串级调节系统,对空气与酸性气的配比进行修正,以保持尾气中的 H_2S/SO_2 比值始终为2:1,其具体控制方案如图 3.5 所示。

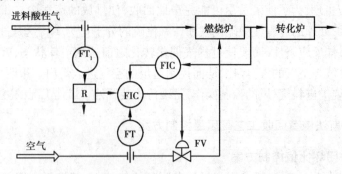

图3.4　中间参数(炉温)的串级控制方案

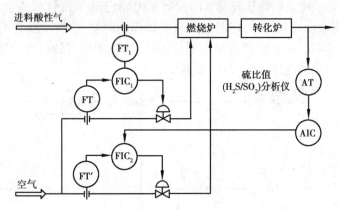

图3.5　基于硫比值在线分析的反馈控制方案

由于过量的 H_2S 量与配风量是一种线性比例关系,便于风量的控制,而硫比值与配风量为非线性关系,故通常采用过量的 H_2S 量为主控变量。同时由于紫外光度法的 H_2S/SO_2 比值分析仪响应时间短,因此两者结合可以及时调整风量,充分提高硫的转化率和回收率,获得最佳的调节效果。该方案还可增加炉温反馈调节,以便在保证反应效率的同时保持相对稳定的反应温度。

(4)基于原料气组成在线分析的前馈控制方案

炼油厂的酸性气一般含有1%~2%的甲烷和少量的重质烃类,还含有1%~2%的氨,这些组分都是耗氧成分,是配风量控制的干扰因素。经过计算证明,酸性气中少量的烃类,特别是那些比甲烷重的烃类对硫磺回收率的影响很大,进而说明,烃类组成变化对硫黄回收率影响颇大。

为此,可考虑在进酸性气分液罐前的管线上设置在线色谱分析仪,分析酸性气的组成,将酸性气中 H_2S、HC、NH_3 等耗氧成分全部分析出来,然后根据分析结果计算需要的配风量,据此前馈调节进燃烧炉的空气量,组成前馈调节 + 双闭环比值控制方案,如图3.6所示。

气相色谱法的优缺点及其与紫外 H_2S/SO_2 比值分析法的比较如下:

①气相色谱法在一个分析周期内,可全面测量出氮、二氧化碳、硫化氢、二氧化硫、羰基硫、二硫化碳、烃类及氨的含量,不仅可以较为准确地控制配风量,也可以使操作人员及时了

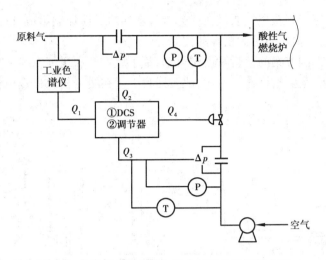

图3.6 基于原料气组成在线分析的前馈控制方案

解原料气的组成,有利于工艺操作。

②色谱法为周期测量法,酸性气的分析周期为 2.5 ~ 3 min,在构成自动调节系统时,会因这种测量的滞后影响动态品质。但由于工艺较为平稳,酸性气的组成一般不会出现剧烈的变化,所以这种测量滞后对于配风量控制的影响并不大。

紫外 H_2S/SO_2 比值分析法属于连续测量,虽然响应时间短,但由于尾气分析点与配风量控制点之间相隔较远、反应环节多、系统滞后大(由设备引起的工艺滞后约 10 ~ 14 min),其对配风量控制及时性的影响远较色谱仪严重。

③工业色谱法精度为 ±1%。在紫外 H_2S/SO_2 比值分析法中,因硫的吸收光谱的影响,紫外分析法受温度的影响,羰基硫、二硫化碳特征光谱的干扰等因素,致使其精度只有 ±5%。工业色谱分析的精度明显优于紫外法。

(5)基于原料气和尾气在线分析的前馈 - 反馈控制方案

图3.7 为基于原料气和尾气在线分析的前馈-反馈控制方案,该方案已被加拿大拉姆河脱硫工厂采用。该系统将空气分为两部分,一部分进燃烧炉的空气(约80%)随酸性气流量变化,构成比值控制系统。原料气气相色谱仪分析酸性气的组成(或由紫外或激光分析仪分析酸性气中的 H_2S 含量),前馈计算器根据酸性气体和空气压力、温度的变化及酸性气体组成的变化对比值进行校正。尾气紫外分析仪分析尾气中硫化氢和二氧化硫的含量及比值,然后经反馈计算器计算,对另一路空气(约20%)进行自动控制。因此,这个系统由以原料酸性气在

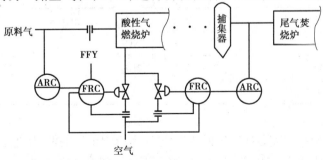

图3.7 基于原料气和尾气在线分析的前馈-反馈控制方案

线分析为基准的比值控制及尾气质量在线分析为基准的反馈控制组成,以改善系统滞后和比值调节,有利于对硫比值实施更为精确的控制。

从以上配风量控制方案的分析对比中可知,基于原料气和尾气在线分析的前馈 – 反馈控制方案是最佳控制方案。根据这一方案,硫黄回收工艺在线分析取样点位置和分析项目如图3.8所示。

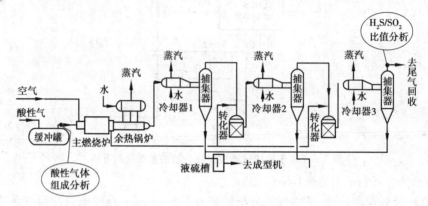

图3.8　克劳斯法硫黄回收工艺在线分析取样点位置和分析项目

硫黄回收工艺在线分析仪器的正确配置、选型和使用是优化操作控制、提高硫黄回收率和确保环保排放达标的必要手段,下面分别加以介绍。

3.1.3　在原料酸性气管线上设置酸性气在线分析仪

在进酸性气分液罐前的管线上需设置酸性气在线分析仪,分析酸性气组成,前馈调节进燃烧炉80%的空气量。

原料酸性气在线分析通常有两种方案:一种是将酸性气组成中 H_2S、HC、NH_3 等用在线色谱仪全部分析出来,然后根据分析结果计算需要的配风量;另一种是用紫外或激光分析仪在线监测 H_2S 浓度,根据 H_2S 含量来确定配风量。

(1)采用在线色谱仪分析酸性气组成的方案

采用色谱分析仪是部分炼油厂选用的方案,这是由于在炼油厂中,酸性气主要来源于加氢装置循环氢气脱硫(约占80%),其余来自干气、液化气脱硫和含硫污水汽提脱硫装置,含有 H_2S、CO_2、HC、NH_3 等成分,其大致组成见表3.1。

表3.1　某炼油厂硫磺装置酸性气组成

组分	范围($V,\%$)	设计值($V,\%$)	组分	范围($V,\%$)	设计值($V,\%$)
H_2S	75～90	80	NH_3	1～2	1.5
CO_2	10～15	12.5	H_2O	3～5	4
HC	1～2	2	总计	100	100

由于 H_2S、HC、NH_3 在克劳斯装置的热反应段——燃烧炉内都会发生氧化反应,它们都是耗氧成分,都会对配风控制产生影响,因此,用在线色谱仪对酸性气进行全组分分析,根据耗氧成分含量计算需要的配风量是合理的。

由于 H_2S 具有强腐蚀性和毒性,这种方案要考虑系统防腐蚀、操作安全和排放安全等问题,完善的方案将会是一个比较复杂的系统。这一方案的难点在于:

①硫化氢有剧毒且吸附性强,样品管路系统应严格密封并保证内壁光洁;

②酸性气中含有水分(约 5%)及 H_2S、CO_2,二者结合会造成腐蚀,样品处理系统应伴热保温,以防水分冷凝析出;当含水量 >5% 时,取样时应先采取除水措施(涡旋管制冷除水)再伴热保温传输;

③由于硫化氢有剧毒,样品的排放也是一大问题,可行的办法是用脱硫剂吸收,但脱硫剂消耗量大,更换麻烦,也可将排放气体引到尾气净化装置灼烧排放。

(2)采用紫外或激光分析仪测量 H_2S 浓度的方案

从表 3.1 可以看出,H_2S 占总量的 80%,HC 和 NH_3 仅占总量的 3.5% 左右,其他 16% 左右的 CO_2 与 H_2O 对配风不产生影响。因此,控制 80% 配风量不一定非要对 HC 和 NH_3 作精确的分析,仅分析 H_2S 浓度也是可以的。

在线测量 H_2S 的浓度,可供选择的仪器有紫外分析仪和激光分析仪,紫外分析仪同样存在样品处理和排放安全问题,而采用直接安装在原料气管道上进行原位式测量的激光分析仪是较好的选择。激光气体分析仪如图 3.9 所示。

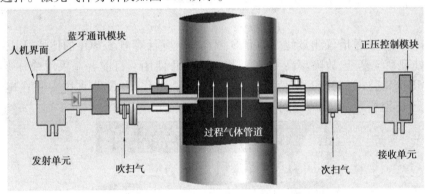

图 3.9　原位测量式激光气体分析仪系统构成图

在图 3.9 中,激光发射与接收探头直接安装在被测气体管道的两侧,半导体激光器射出的激光束穿过被测气体,落到接收单元的光电传感器上。激光束能量被气体分子吸收而发生衰减,接收单元探测到的光强度衰减与被测气体组分的含量成正比。激光分析仪具有原位直接测量、快速响应(<1 秒)、精度较高、不存在取样与排放安全问题等优点。

表 3.2 是某合成氨厂低温甲醇洗出口酸性气的组成表,可以看出,以煤为原料的大型合成氨、甲醇装置低温甲醇洗出口的酸性气中,除 H_2S 外,不含其他耗氧成分,在其克劳斯装置的前馈控制中在线测量 H_2S 含量,可使配风量控制效果更为准确。

表 3.2　某合成氨厂低温甲醇洗出口酸性气的组成

组分	范围(V,%)	正常值(V,%)	组分	范围(V,%)	正常值(V,%)
H_2S	$0 \sim 60\%$	25.4	N_2		2.95
CO_2		71.53	H_2O		0
CH_3OH		0.12	总计	100	100

3.1.4 在捕集器出口设置尾气 H_2S/SO_2 比值分析仪

在捕集器出口尾气管线上设置在线分析仪,分析尾气中 H_2S、SO_2 的含量,反馈调节进酸性气燃烧炉 20% 的空气量,以保证过程气中 H_2S/SO_2 为 2:1,使克劳斯反应转化率达到最高,提高硫回收率。捕集器出口尾气管线取样点压力、温度和样品组成见表 3.3。

表 3.3 捕集器出口尾气管线取样点压力、温度和样品组成

操作压力	0.03 MPa(G)	操作温度	160 ℃
样品组成,%			
H_2S	0.9	H_2O	28.57
SO_2	0.544	CO	0.154
COS	0.0149	S_X	0.037
CS_2	0.078	H_2	1.56
CO_2	8.47	Ar	0.687
N_2	57.56	其他(CH_4 等)	—

以前曾使用在线色谱仪测量此处的 H_2S、SO_2 含量并计算 H_2S/SO_2 的比值,后因其分析周期长、样品处理系统复杂、故障率高、维护难度大而停止使用。目前普遍采用紫外吸收法的分析仪,以 AMETEK 公司 880NSL 比值分析仪(图 3.10)为代表,仪器直接安装在尾气管道上(图 3.11),不需取样管线,响应时间不到 10 s。

图 3.10 AMETEK 880 – NSL H_2S/SO_2 分析仪

图 3.11　880 – NSL H_2S/SO_2 分析仪安装位置——捕集器出口尾气管线上

3.2　斯科特法尾气处理工艺在线分析技术

3.2.1　斯科特法还原-吸收尾气处理工艺简介

通过不断改进,两级克劳斯法硫黄回收工艺的硫回收率已经达到 94% 以上。但是为了达到环保排放标准的要求,仍须对其尾气进行净化处理。近年来,炼油、天然气和化工企业新建硫黄回收装置大多采用两级克劳斯硫黄回收和串级尾气处理工艺,使总硫回收率达到 99% 以上。

克劳斯装置的尾气净化或称尾气脱硫方法很多,工艺流程有 20 多种。所有这些方法归纳起来共有三类:第一类,在液相或固相催化剂上继续进行克劳斯反应;第二类,将尾气中的硫化物先加 H_2 还原生成 H_2S,然后进行液相吸收或固相反应;第三类,将尾气中的硫化物先氧化成 SO_2,然后进行液相吸收或固相反应。

斯科特(SCOT)工艺属于第二类,在我国使用较多。斯科特法还原 – 吸收尾气处理装置见图 3.12,其工艺流程见图 3.13。

图 3.12　斯科特还原 – 吸收尾气处理装置

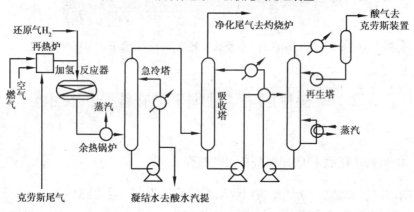

图 3.13　斯科特还原 – 吸收尾气处理工艺流程图

在尾气处理系统的还原段,硫黄尾气与富氢气混合,经加氢反应器在钴钼加氢催化剂作用下,尾气中的二氧化硫、硫元素被加氢还原成硫化氢,见反应式(3.4)、(3.5);有机硫被水解转化成硫化氢,见反应式(3.6)、(3.7)。

$$SO_2 + 3H_2 \rightarrow H_2S + 2H_2O + Q \tag{3.4}$$

$$S + H_2 \rightarrow H_2S + Q \tag{3.5}$$

$$COS + H_2O \rightarrow H_2S + CO_2 + Q \tag{3.6}$$

$$CS_2 + 2H_2O \rightarrow 2H_2S + CO_2 + Q \tag{3.7}$$

在尾气处理系统的吸收段,高温反应气在急冷塔中冷却到常温后进入吸收塔,尾气中的 H_2S 及部分 CO_2 被甲基二乙醇胺吸收。为了防止酸性水对设备的腐蚀,需向急冷水中注氨,操作中根据 pH 值高低确定注入的氨量。吸收后的净化尾气采用热焚烧将剩余的硫化物转化为 SO_2,经由烟囱排放到大气;吸收硫化氢的富液经再生后,贫液返回尾气吸收塔循环使用。同时,再生脱出的 H_2S 与 CO_2 返回克劳斯系统。

经尾气处理后,总的硫回收率可达 99.8% 以上,净化后的尾气中 H_2S 含量 < 10 ppm,SO_2 含量 < 300 ppm,可达排放标准。

斯科特还原 – 吸收尾气处理工艺在线分析取样点位置及分析项目如图 3.14 所示。

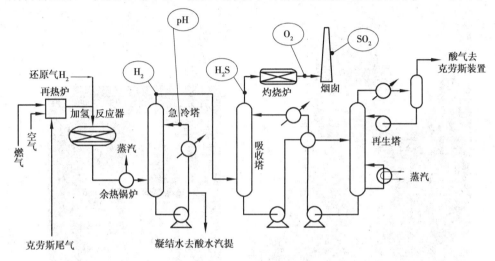

图 3.14　斯科特还原-吸收尾气净化工艺在线分析取样点位置及分析项目

3.2.2　在急冷塔顶设置 H_2 含量分析仪

急冷塔顶设置 H_2 含量分析仪,其作用之一是通过 H_2 分析仪显示的 H_2 含量,及时调整克劳斯装置的配风和斯科特装置再热炉的燃料气量,确保过程气中的 SO_2、CS_2、COS 等完全转化为 H_2S;其作用之二是用于调节还原反应中 H_2 的加入量,使 S、SO_2 尽可能多地转化为 H_2S 又不浪费 H_2 资源。

急冷塔尾气中 H_2 含量一般应控制在 0.85% 左右,如果含量过低(低于 0.5% 甚至更低),致使 SO_2 不能完全还原,一方面会发生低温克劳斯反应生成硫黄,导致过程气管线堵塞,甚至在检修时由于 FeS 自燃而造成火灾事故;另一方面,SO_2 穿透冷却塔,会对换冷设备造成腐蚀;严重时,SO_2 进入后面的脱硫溶液,形成硫代硫酸盐,严重污染溶液,影响脱硫效果,导致排放尾气总硫达不到设计要求,不得不更换溶液,增加操作成本。此外,尾气中未还原的 SO_2 还会对吸收再生系统设备、管线造成腐蚀穿孔。由此可见,急冷塔顶净化尾气中 H_2 含量的在线分析对于保证净化工艺正常运行、设备免遭腐蚀破坏是至关重要的。

急冷塔(图 3.15)顶净化尾气管线取样点压力、温度和样品组成见表 3.4。

在这个检测点,石油化工行业的多数硫黄回收装置都采用气相色谱仪测量 H_2 含量(图 3.16),应用情况较好。也有部分装置采用热导式 H_2 分析仪,但因样气组成较为复杂,含有水、硫化氢、氮气、二氧化碳等,H_2 含量很低而干扰组分 CO_2 含量较高,造成测量误差大,使用效果都不太好。

表3.4　急冷塔顶净化尾气管线取样点压力、温度和样品组成

操作压力	0.01 MPa(G)	操作温度	40 ℃
样品组成,%			
H_2S	0.03	H_2	2.3
N_2	50.68	CO	0.165
CO_2	11.63	H_2O	6.62

图3.15　斯科特尾气处理装置急冷塔
——H_2含量分析仪取样点设在塔顶

图3.16　急冷塔顶H_2含量分析
使用的横河GC1000气相色谱仪

因此,对于加氢反应后的氢含量分析,不宜采用热导式气体分析仪进行测量。在采用在线色谱仪时,样品气的低压力(0.016 MPa)、含有饱和水蒸气、硫化氢的腐蚀性、分析后气体的安全排放等问题给分析系统的设计带来了挑战。解决了这几个问题,分析系统就能用好。低压力样气需采用隔膜泵抽吸取样。选用耐腐蚀的样品处理部件可减少硫化氢的腐蚀影响。含饱和水蒸气的问题可通过使样品系统维持在较高的工作温度解决,也可在取样系统的适当位置用冷却的办法进行脱水。

图3.17是某石油化工厂硫黄回收装置氢分析仪的样品处理系统图,由于该测点压力稍高(20～30 kPaG),故未采用抽吸泵(一般情况下,样气压力＜0.01 MPaG时要用抽气泵;＞0.01 MPaG时可以不用)。取样探头采用涡旋管制冷的回流取样探头(图3.18),在取样的同时将样品冷却除湿,冷凝水回流返回工艺管道。

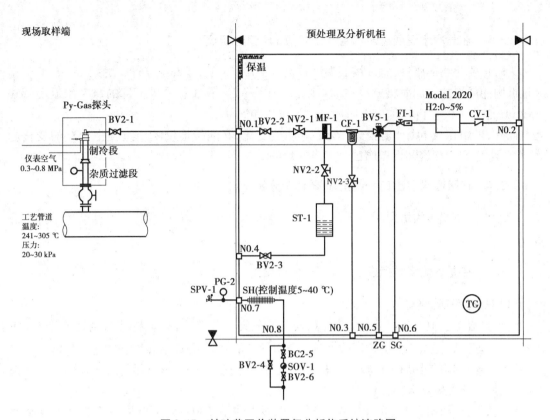

图 3.17 某硫黄回收装置氢分析仪系统流路图

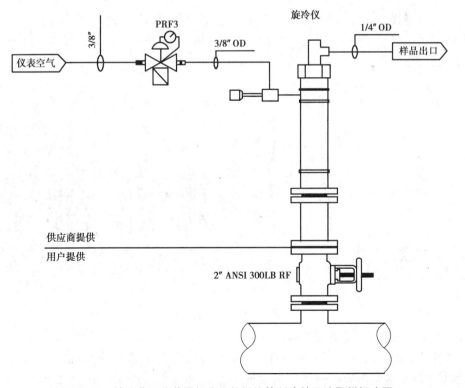

图 3.18 某硫黄回收装置氢分析仪涡旋管制冷的回流取样探头图

3.2.3 在急冷水返回急冷塔管线上设置 pH 值分析仪

为防止硫化物的腐蚀,急冷塔底温度控制在 60 ~ 65 ℃,不高于 75 ℃,塔顶部 35 ℃。温度过低则能耗增加。同时将急冷水 pH 值控制在 6 ~ 7。故在急冷塔上部的急冷水返塔管线上设 pH 值分析仪,当 pH 值太低时增加注氨量以防腐蚀。

此外,采用在线 pH 计监控急冷水的 pH 值变化,又间接地反映出过程中 SO_2 的变化趋势,对于防止 SO_2 穿透和设备腐蚀是大有好处的。

3.2.4 在吸收塔顶出口管线上设置 H_2S 分析仪

其作用是监视吸收塔脱除 H_2S 的效果,指导吸收塔和焚烧炉的操作。有些装置不设该分析仪。

3.2.5 在尾气灼烧炉烟道上设置 O_2 分析仪

(1)脱硫尾气灼烧排放

由于脱硫尾气中 H_2S 的毒性甚大,对人体的危害十分严重,必须将其灼烧后转化为 SO_2 才能排入大气,故在克劳斯硫黄回收及其尾气处理工艺中均设有尾气灼烧装置。目前经常采用的尾气灼烧方法是热灼烧。热灼烧是指在有过量空气存在下,用燃料将尾气加热至一定温度后,使其中的含硫化合物转化为 SO_2。

尾气灼烧炉如图 3.19 所示。热灼烧的温度应控制在 540 ~ 600 ℃内,炉温低于 540 ℃时 H_2S 和 H_2 往往不能灼烧完全,而且会增加燃料消耗量。当尾气中含有一定量 COS 或 H_2S 浓度较高时应适当提高灼烧温度,同时也应考虑尾气在炉内有充分的停留时间。

此外,空气适当过剩是灼烧完全的必要条件。研究结果表明,在最佳操作条件下,过剩空气量的体积分数为 2.08% 时,H_2S 和 H_2 能较完全地燃烧,燃料气的消耗量最低。

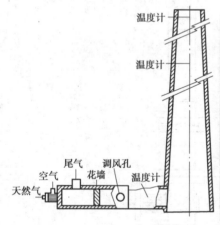

图 3.19 尾气灼烧炉

(2)尾气焚烧炉烟气氧含量的监测

尾气焚烧炉的一次空气量根据燃料气流量进行比例控制,二次空气量由烟气中的氧含量控制,通常烟气氧含量为 2% ~ 4%。氧含量的监测,可在焚烧炉烟气排放管道上设置在线氧含量分析仪,可选用价格较低、性能稳定的直插式氧化锆氧分析仪(图 3.20)。某石化厂硫黄回收装置设计时采用取样式磁氧分析仪测量烟气氧含量,因取样系统故障较多,系统不能连续正常运行,后改用直插式氧化锆分析仪,两年来一直运行正常。

图 3.20　安装在烟道上的直插式氧化锆氧分析仪

3.2.6　在尾气灼烧炉烟道上设置 SO_2 分析仪

(1)硫黄回收尾气二氧化硫排放标准

我国 1996 年公布的《大气污染物综合排放标准》(GB 16297—1996)中有关行业 SO_2 排放限值见表 3.5。

表 3.5　大气污染物综合排放标准(GB 16297—1996)

(硫、二氧化硫、硫酸和其他含硫化合物生产,SO_2 排放限值)

最高允许排放浓度[①]mg/m³	排气筒高度/m	最高允许排放速率[①] kg/h		
		一级	二级	三级
1200(960)	15	1.6	3.0(2.6)	4.1(3.5)
	20	2.6	5.1(4.3)	7.7(6.6)
	39	8.8	17(15)	26(22)
	40	15	30(25)	45(38)
	50	23	45(39)	69(58)
	60	33	64(55)	98(83)

续表

最高允许排放浓度[①] mg/m³	排气筒高度 m	最高允许排放速率[①] kg/h		
		一级	二级	三级
1200(960)	70	47	91(77)	140(120)
	80	63	120(110)	190(160)
	90	82	160(130)	240(200)
	100	100	200(170)	310(270)

①括弧内为对 1997 年 1 月 1 日起新建装置的要求。

按照表 3.5 中的规定,不论硫黄回收装置规模大小,已建成装置硫回收率须达到 99.6%
才能满足 SO₂ 排放浓度不高于 1200mg/m³ 的要求,新建装置硫回收率则需达到 99.7%。

考虑到天然气作为一种清洁能源对保护环境的积极作用,原国家环境保护总局同意天然
气净化厂排放废气中的 SO₂ 作为特殊污染源可通过制定相应的行业污染标准进行控制,在该
标准未颁布前,可暂按表 3.5 中的最高允许排放速率控制,而毋须控制排放浓度。

目前,国家生态环境部正在制订《天然气净化厂大气污染物排放标准》(GB/T × × × —
201 ×),现将该标准二次征求意见稿中 SO₂ 排放限值及有关规定摘录于表 3.6 中,仅供参考。

表 3.6　《天然气净化厂大气污染物排放标准》(二次征求意见稿)摘录

4.1　大气污染物排放限值

4.1.1　现有企业自2011年1月1日起至2014年12月31日止,执行表1规定的大气污染物排放限值。

表1　现有企业大气污染物排放限值

(单位:mg/m³)

受控设施	污染物项目	限值*	污染物排放监控位置
硫磺回收尾气灼烧炉 酸气灼烧炉	SO₂	1000	灼烧炉排气筒

注:*指干烟气中O₂含量3%状态下的排放浓度限值。

4.1.2　现有企业自2015年1月1日起,执行表2规定的大气污染物排放限值。

4.1.3　新建企业自2011年1月1日起,执行表2规定的大气污染物排放限值。

表2　新建企业大气污染物排放限值

(单位:mg/m³)

受控设施	污染物项目	限值*	污染物排放监控位置
硫磺回收尾气灼烧炉 酸气灼烧炉	SO₂	500	灼烧炉排气筒

注:*指干烟气中O₂含量3%状态下的排放浓度限值。

4.1.4　实测灼烧炉排气筒中大气污染物排放浓度应按公式(1)换算为含氧量3%状态下的基准排放
浓度,并以此作为判定排放是否达标的依据。

$$C_{基} = \frac{21-3}{21-O_{实}} \cdot C_{实} \qquad (1)$$

式中:$C_{基}$——大气污染物基准排放浓度,mg/m³;

$C_{实}$——实测排气筒中大气污染物排放浓度,mg/m³;

$O_{实}$——灼烧炉干烟气中含氧量百分率实测值。

（2）尾气排放冷干法 SO_2 监测系统及其应用情况

根据环保部门的要求,我国天然气净化厂普遍在尾气灼烧炉烟道上安装了 SO_2 在线分析仪,作为尾气排放 SO_2 含量是否达标的监测手段。其取样点位于排放烟囱从平行烟道出口起算 3 倍烟囱直径高度处(图3.21)。取样点温度为 $400 \sim 500$ ℃,压力为烟囱负压,样气组成见表 3.7。

图 3.21　尾气灼烧炉烟道上的 SO_2 分析仪取样点

表 3.7　某硫黄回收装置尾气灼烧炉排放烟气的组成

序号	组分名称	浓度范围(vol,%)	测量范围
1	H_2S	$5 \sim 10$ ppm	
2	SO_2	$150 \sim 350$ ppm	$100 \sim 400$ ppm
3	CO	$0 \sim 1.0$	
4	CO_2	$10.5 \sim 25.0$	
5	H_2	$0.11 \sim 2.0$	
6	O_2	$1.8 \sim 4.0$	$0 \sim 5\%$
7	N_2	$76.3 \sim 85.0$	
8	H_2O	$11.3 \sim 2.0$	
9	COS	微量	
10	CS_2	微量	

SO_2 体积分数 ppmV 和质量浓度 mg/m^3 之间的换算关系为:

$$1 \text{ ppmV}(0 \text{ ℃}) = (M_{SO2}/22.4) \text{ mg/m}^3 = 2.86 \text{ mg/m}^3$$

$$1 \text{ mg/m}^3 = (22.4/M_{SO2}) \text{ ppmV}(0 \text{ ℃}) = 0.35 \text{ ppmV}(0 \text{ ℃})$$

式中,M_{SO2}——二氧化硫的摩尔质量,$1 M_{SO2} = 64$ g;

22.4——0 ℃,标准大气压下 1 摩尔气体的体积,L。

目前,天然气净化厂硫黄回收尾气排放 SO_2 监测大多采用冷干法红外分析仪系统。所谓冷干法,是指被测烟气经过除尘、除湿后,成为洁净、干燥的烟气,并在干烟气状态下进行分析,称为冷干法(冷凝/干燥法)。由于水分吸收红外线,所以红外分析仪须采用冷干法进行测量。图 3.22 为常见的冷干法硫黄回收尾气排放 SO_2 监测系统流路图。

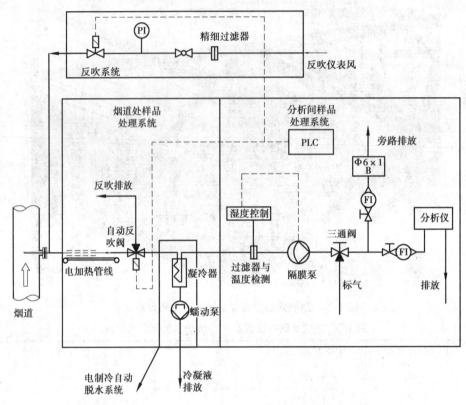

图 3.22 冷干法硫黄回收尾气排放 SO_2 监测系统流路图

从天然气净化厂使用情况来看,这种冷干法 SO_2 监测系统的使用效果并不理想,由于尾气灼烧烟气温度高、湿度大、腐蚀性强,导致冷干法系统的故障率较高,维护量大。

我国燃煤锅炉安装的 CEMS 中,以采用冷干法红外分析仪系统为主,约占 75% 以上。但与燃煤锅炉相比,硫黄回收尾气灼烧炉烟气的工况条件更为恶劣,二者相比有以下不同之处:

①温度高。燃煤锅炉烟气温度多为 120 ~ 200 ℃,而尾气灼烧炉则为 380 ~ 500 ℃。

②湿度大。燃煤锅炉烟气湿度多为 7% ~ 15%,而尾气灼烧炉则为 11% ~ 30%,有的甚至高达 35% 以上。

③腐蚀性强。燃煤锅炉烟气经脱硫处理后 SO_2 含量一般在 400 mg/m³(140 ppmV)以下,硫黄回收尾气经净化处理后,部分装置(如 SCOT 尾气处理装置,硫回收率可达 99.8% 以上)SO_2 含量可降至 960 mg/m³(340 ppmV)以下,但部分装置(如超级克劳斯尾气处理装置,硫回收率仅达 99.0% ~ 99.5%),尚达不到 1 200 mg/m³(420 ppmV)排放限值的要求。还有些净化厂尚未建设尾气净化处理装置,有些虽建但未投运或运行不正常,致使其排放尾气 SO_2 含量居高不下。据了解,有的净化厂排放尾气 SO_2 含量为 1 000 ~ 2 000 ppmV,有的为 2 000

ppmV 以上,还有的高达 3 000 ~ 4 000 ppmV,按 1 ppmV(0 ℃) = 2.86 mg/m³ 折算,已远远超过排放标准限值。

由于存在上述差别,致使尾气灼烧炉排放烟气取样和样品处理系统的设计比燃煤锅炉难度更大,其难点在于:烟气样品的伴热保温要求十分严格,稍有不慎,烟气温度降低会析出冷凝水,且 SO₂ 易溶于水,溶入 SO₂ 的酸性冷凝液会带来一系列问题:探头过滤器堵塞、样品管线积水、抽气泵隔膜腐蚀、SO₂ 溶解损失造成测量不准,还会对所有系统部件造成腐蚀。

(3)尾气灼烧排放冷干法 SO₂ 监测系统的改进措施

图 3.22 所示的取样和样品处理系统常用于 CEMS 中,但这样的系统在硫黄回收尾气灼烧炉这种高温、高湿、含 SO₂ 组分高的烟气测量中仍然可能出现问题。在其取样和样品处理系统的设计中,应特别注意以下问题:

①取样采用外置过滤器式探头,外置过滤器须伴热保温并定时反吹、清洗,除此之外,还要特别注意烟囱壁内探杆和探头安装法兰处的伴热保温,否则会在这两个部位出现冷凝液。

西克麦哈克公司的垃圾焚烧炉取样探头,采用两级加热和两级过滤设计。两级加热:指探杆加热和外部过滤器加热;两级过滤:指探杆头部过滤和探头外部过滤,伴热温度控制在 185 ℃ 以上。硫黄回收尾气灼烧炉与垃圾焚烧炉的烟气条件有某些相似之处,可以借鉴这一设计经验。

②样品传输管线应采用 PFA 管或 PTFE 管,伴热保温采用限功率电伴热带,这种电伴热带适用于维持温度较高的场合,其输出功率(10 ℃时)有 16、33、49、66W/m 等几种,最高维持温度有 149 ℃ 和 204 ℃ 两种。CEMS 系统的取样管线主要用于对高温烟气样品的伴热保温,以防烟气中的水分在传输过程中冷凝析出。如电伴热带质量不良或安装施工失误,伴热系统就会完全失效而带来严重后果。注意:不可采用蒸汽伴热,低压蒸汽达不到伴热温度和均衡伴热的要求,中压蒸汽温度难以控制,且易损坏管阀件的密封材料。

③取样探头和样品管线的伴热温度以 180 ~ 200 ℃ 为宜。燃煤锅炉烟气湿度低,约为 8%,SO₂ 含量也低,小于 400 mg/m³(140 ppmV),其烟气酸露点为 110 ℃,烟气伴热温度为 140 ~ 160 ℃;而尾气灼烧炉烟气湿度往往高达 30% 以上,SO₂ 含量高达 1 000 ppmV(2 860 mg/m³)以上。经估算,其酸露点大约在 140 ℃ 以上,烟气伴热温度应按 180 ~ 200 ℃ 考虑。

④图 3.22 中的冷凝脱水环节位于隔膜泵的上游,这是正确的,但这种单级冷凝脱水系统并不完善,应采用双级冷凝脱水系统,即在泵后再加一级冷凝脱水环节,使脱水后的样气露点真正达到 4 ℃ ~ 5 ℃,以确保系统可靠运行。可采用两级涡旋管冷却器或两级半导体冷却器冷凝脱水,也可采用前级涡旋管冷却、后级半导体冷却脱水的方案。

(4)采用热湿法紫外或红外分析仪的方案

对尾气灼烧炉排放烟气中 SO₂ 的测量,建议采用热湿法紫外或红外分析仪系统。所谓热湿法,是指烟气未经冷凝除湿,保持原有的热湿状态,在湿烟气状态下进行分析。由于水分不吸收紫外线,紫外分析仪可用于热湿法测量。热湿法的突出优点是:

①整个测量过程中烟气保持在高温状态,无冷凝水产生,SO₂ 没有损失,测量准确;

②烟气不需要除水,样品处理系统简化,故障率和维护量降低。

Ametek 公司 4600 型 SO₂ 紫外分析仪是专为硫黄回收装置设计的,采用热湿法测量,现场应用证明该产品是成熟的,但整套系统价格昂贵,也可选用聚光公司 OMA - 3000 紫外 SO₂ 分析仪,该仪器已在众多 CEMS 系统中成功应用。

图 3.23 是聚光科技紧密耦合式 CEMS-3000 构成图。该系统将测量气室和采样探头集成在一起,壁挂式分析仪(OMA-3000)就近安装,整套系统均置于取样点近旁的烟囱上,不但无需分析小屋,也无需伴热传输管线,从而免除了样品伴热传输可能出现的问题,其造价最低,维护量小,是目前国际上推崇的一种 CEMS 系统结构模式。

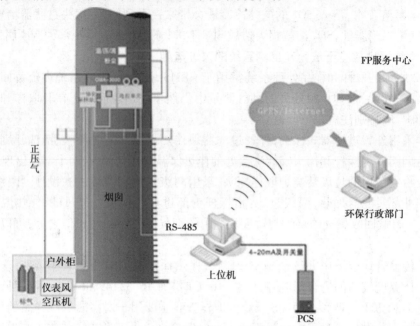

图 3.23　采用热湿法的紧密耦合式 CEMS-3000 系统构成图

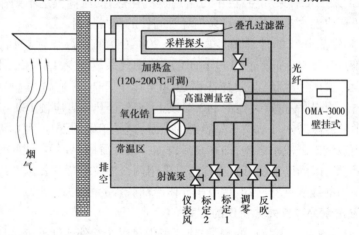

图 3.24　CEMS-3000 测量原理示意图

(图中橙色部分为一体化探头 IP-1000)

图 3.24 是 CEMS-3000 测量原理示意图,图 3.25 是 CEMS-3000 壁挂式机箱。该系统已用于西南油气田分公司达州大竹净化厂、净化总厂渠县分厂和遂宁磨溪净化厂的尾气灼烧排放 SO_2、NO_x 含量监测,取得满意的使用效果。

也可采用西克麦哈克公司 MCS100E 高温型红外线多组分气体分析系统监测尾气灼烧排

图 3.25　CEMS-3000 的壁挂式机箱

（左部为一体化探头；中部为 OMA－3000；右部为电气控制箱）

放 SO_2、NO_x 的含量，MCS100E 系统的介绍可参见本书第 6 章"红外线气体分析器"。

（5）一种集成在烟道上的"原位处理法"烟气样品处理系统

美国博纯公司近期开发了一种集成在烟道上的"原位处理法"烟气样品处理系统——GASS™ 2040。该系统安装在烟囱上，烟气取出后即对其进行除尘、除湿处理，除湿不采用冷凝技术，而采用 Nafion 管干燥技术，样品处理洁净、干燥后传输至分析仪进行测量。GASS™ 2040 系统在美国炼油厂克劳斯硫回收和垃圾焚烧发电厂的 CEMS 上应用较多，部分应用案例见表 3.8。下面简单加以介绍，供参考。

表 3.8　GASS™ 2040 在美国炼油厂克劳斯硫回收装置的应用案例

工厂名	地址	使用产品	应用场合
Conoco Philips Los Angeles Refinery	1660 West Anaheim Street Wilmington CA 90744	8 套 GASS 2040	Claus SRU
Chevron Products Company	324 West El Segundo Boulevard CA 90245	12 套 GASS 2040	Claus SRU
Phillips 66 Ferndale Refinery	Puget Sound Washington	8 套 GASS 2040	Claus SRU
Valero Ardmore Refinery	Hwy 142 Bypass and East Cameron Road Ardmore, Oklahoma 73401	6 套 GASS 2040	Claus SRU

图 3.26 为 GASS™ 2040 样气处理系统的外观图及系统组成图。GASS™ 2040 系统的样气处理能力：流量可高达 25 L/min，湿度可超过 65%，可同时除去样样气中的酸雾和氨。

GASS™ 2040 样气处理系统包括整体式烟气取样探头。样气从探头出来先进入第一温区——热交换器，在这里，高温的烟气（例如 180 ℃ 或 400 ℃）经热交换器降温到第二温区所需控制的温度。然后，烟气通过聚结式过滤器除去酸雾（过滤精度为 0.1 μm），再通过 AS 除氨器除去样气中的氨气。第二温区是 Nafion 管干燥器，其头部被加热到样气露点温度以上，以避免样气出现液态水而引起 Nafion 管干燥器故障，如控制到 120 ℃，防止烟气中的水分冷凝。样气最后进入处于周围大气温度的第三温区,在通过 Nafion 管干燥器的其余部分后,样气露点可降低到 -5 ℃以下。

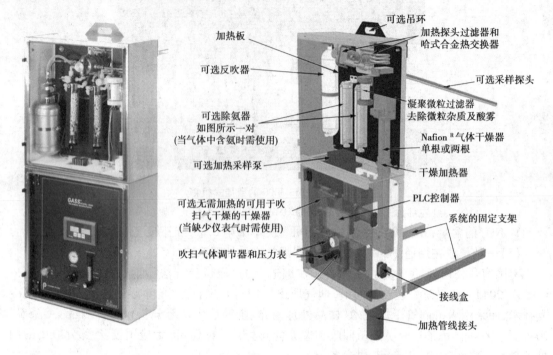

图 3.26　GASS™ 2040 样气处理系统外观图及配置图

加装整体式取样探头后,整套装置可直接安装在烟囱壁上。系统还包括探头过滤器、内置抽气泵、反吹扫组件以及温度控制器等。所以,GASS™ 2040 实际上是一套采用"原位处理法"的样品处理系统,其后的样品管线可以不伴热,因为样气已经非常洁净和干燥:粉尘 <0.1 μm,露点在 -5 ℃以下,后续样气管线只需要保温就可以了,因此避免了所有因冷凝水析出而产生的问题。

GASS™ 2040 只需要 220V、7.5A 的电源,压力范围为 4 ~ 7 bar 的除油、除尘压缩空气,其安装、运行和维护非常简单、可靠、方便。

3.3　超级克劳斯法硫黄回收工艺在线分析方案

荷兰 Shell 公司在 1988 年开发的超级克劳斯工艺是将硫黄回收和尾气处理结合在一起的组合式工艺,包括超级克劳斯 99 和超级克劳斯 99.5 两种类型,前者总硫收率为 99% 左右,后者总硫收率可达 99.5%。我国引进的超级克劳斯 99 装置如图 3.27 所示。

超级克劳斯工艺与传统克劳斯工艺相比有两大特点:

①酸性气与空气流量之比的控制范围增大。

②采用新型选择氧化催化剂,使 H_2S 直接生成硫,而不是生成 SO_2。这种选择氧化催化剂,具有直接氧化 H_2S 为元素硫的很高的选择性,即使在超过化学计量的氧气中,SO_2 也很少生成。此外,这种催化剂也不会催化克劳斯逆反应,即硫与水生成 H_2S 和 SO_2 的平衡反应亦

不存在。这样,过程气中即使水含量很高,也无任何影响。

图 3.27　超级克劳斯 99 装置

超级克劳斯 99 工艺由 3 个催化反应器组成,前两个反应器采用标准克劳斯反应催化剂,后一个反应器充填新开发的选择氧化催化剂。在热回收段(指燃烧炉内的高温热反应,而转化器内的低温催化反应称为催化回收段),酸气与略低于化学计量的空气燃烧,离开第二级反应器时,尾气中含 H_2S 0.8% ~3%,空气流量靠酸气流量控制仪和第二级反应器出口 H_2S 分析仪来调节,其工艺流程如图 3.28 所示。

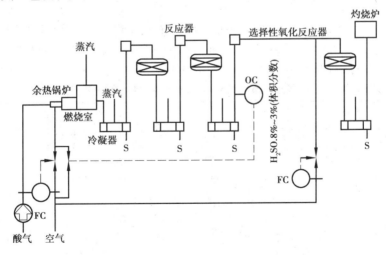

图 3.28　超级克劳斯 99 工艺流程

该工艺将两级常规克劳斯法催化反应器维持在富 H_2S 条件下(即 H_2S/SO_2 大于 2)进行,并使二级出口过程气中 H_2S/SO_2 的比值控制在 10 ~100,最后一级选择性氧化反应器配入适当高于化学计量的空气使 H_2S 在催化剂上氧化为元素硫。由于超级克劳斯 99 工艺中进入选择性氧化反应器的过程气中 SO_2、COS、CS_2 不能转化,故总硫收率在 99% 左右。为此,又开发了超级克劳斯 99.5 工艺,即在选择性氧化反应段前增加了加氢反应段,使过程气中的 SO_2、COS、CS_2 先转化为 H_2S 或元素硫,从而使总硫收率达 99.5%。超级克劳斯 99.5 工艺流程如图 3.29 所示。

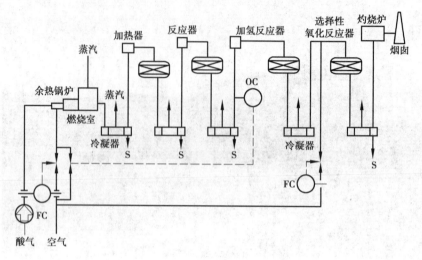

图 3.29　超级克劳斯 99.5 工艺流程

　　该工艺在第二和第三反应器之间增加一个加氢反应器,将 SO_2、COS、CS_2 和硫蒸气生成 H_2S。此时选择氧化反应器的 H_2S 无需过量,引入空气的过量程度也可灵活一些。

　　超级克劳斯工艺安装了加拿大西部研究所研制的空气用量分析仪(ADA,是一种紫外线 H_2S、SO_2 分析仪)和氧气分析仪。空气用量分析仪位于超级克劳斯反应器上游,控制反应器出口 H_2S 含量为 0.8% ~3%(体);氧气分析仪位于其下游,确保反应器中氧含量为 0.5% ~0.8%(体)

　　我国重庆天然气净化总厂渠县分厂引进的超级克劳斯 99 装置于 2002 年 10 月投产,装置属于分流型,规模为 3.5t/d,酸气中 H_2S 含量为 45% ~55%,总硫收率超过 99.2%。该分厂超级克劳斯 99 装置运行温度和过程气组成见表 3.9。

表 3.9　渠县分厂超级克劳斯 99 装置运行温度和过程气组成

位置	火焰	余热锅炉出口	一反出口	一冷	二反出口	二冷	三反出口	直接氧化段出口	直接氧化段冷凝器
实际值	1 060	165	319	163	217	158	183	236	123
计算值	1 062	169	320	172	220	162	187	245	126

过程气组成/%(体积分数)					
组分	一反入口	一反出口	二反出口	三反出口	直接氧化段出口
H_2S	4.6(5.26)	1.3(1.67)			0.00 ~0.01
SO_2	1.3(3.12)	0.15 ~0.37(0.59)	0.37 ~0.50(0.62)	0.30 ~0.50(0.50)	(0.01)
COS	0.11(0.67)	0.01(0.013)	0.03 ~0.10(0.07)	0.01 ~0.02(0.02)	0.02 ~0.03
CS_2	0.19(0.42)	0.01(0.04)			(0.07)

第<big>4</big>章
乙烯裂解装置在线分析仪器配置及应用技术

4.1 乙烯裂解装置工艺流程简述

4.1.1 原料和产品

(1)原料

石脑油(NAP),约占46%;

轻柴油:常压柴油(AGO),减压柴油(VGO),约占30%;

重质加氢尾油(HVGO),约占11%;

乙烷、丙烷;

油田气、炼厂气。

(2)产品

主产品:乙烯——送聚乙烯、乙二醇等装置;丙烯——送聚丙烯、丙烯腈等装置。

副产品:H_2——本装置加氢,外送加氢;CH_4——裂解炉燃料气,合成氨、甲醇原料;C_4——送丁二烯抽提、异丁烯抽提装置;裂解汽油——送芳烃抽提装置,提取甲苯、乙苯、二甲苯;重质燃料油——裂解炉燃料油。

石油化工中间产品(有机化工原料)和最终产品(三大合成材料:合成树脂、合成橡胶、合成纤维)均以三烯(乙烯、丙烯、丁二烯)、三苯(苯、甲苯、二甲苯)为主要原料,其总量的65%以上来自乙烯裂解装置。因此,乙烯裂解装置(又称乙烯装置)是石油化工企业的龙头装置,也是关系石化企业全局的核心装置。

4.1.2 工艺流程

乙烯装置分为裂解、压缩、分离3个工段,工艺特点是:高温裂解、分段压缩、深冷分离。裂解工艺绝大多数采用管式炉裂解法,分离工艺类型较多(见表4.1),其中以顺序分离流程居多。

表 4.1 裂解气分离流程组织方案

精馏分离方案	净化方案	分离流程组织方案
(1)顺序分离流程:先脱甲烷再脱乙烷最后脱丙烷(美国 Lummus 和 Kellogg 公司) (2)前脱乙烷流程:先脱乙烷再脱甲烷最后脱丙烷(德国 Linde 和美国 Brown&Root 公司) (3)前脱丙烷流程:先脱丙烷再脱甲烷最后脱乙烷(美国 Stone&Webster 和日本三菱油化公司)	(1)前加氢:脱乙炔塔在脱甲烷塔前 (2)后加氢:脱乙炔塔在脱甲烷塔后	(1)顺序分离流程(后加氢) (2)前脱乙烷前加氢流程 (3)前脱乙烷后加氢流程 (4)前脱丙烷前加氢流程 (5)前脱丙烷后加氢流程

管式炉裂解、顺序分离工艺流程如图 4.1 所示。

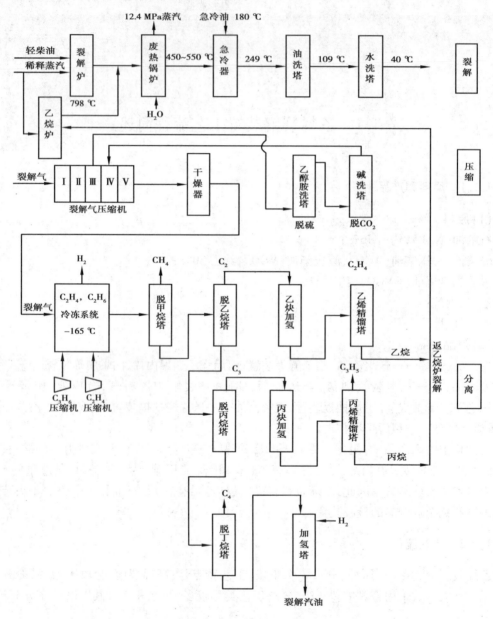

图 4.1 管式炉裂解、顺序分离工艺流程方框图

4.1.3　我国乙烯生产能力和乙烯装置分布

我国乙烯产能长期位居世界第二,仅次于美国。2018 年我国乙烯总产能达到 2505 万吨,较 2008 年增加了 1493.1 万吨,年均复合增速达 9.4%。2018 年我国乙烯总产量达到 1 841 万吨,较 2008 年增加了 815.4 万吨,年均复合增速达 6%。

截至 2018 年,我国共有乙烯生产企业 46 家,投产乙烯装置共 58 套,合计总产能达 2 505 万吨/年。其中:蒸汽裂解制乙烯装置 33 套,生产能力达 1 812 万吨/年;重油催化热裂解装置 2 套,生产能力达 45 万吨/年;煤/甲醇制乙烯装置 23 套,生产能力达 648 万吨/年;裂解路线乙烯总产为 1 857 万吨/年,占国内乙烯总产能比例为 74.1%。

4.2　乙烯装置使用的在线分析仪器

4.2.1　乙烯装置使用的在线分析仪器类型和数量

(1) 某年据不完全统计中石化乙烯装置在线分析仪表汇总

气相色谱分析仪	294 套
工业质谱分析仪	2 套
红外分析仪	28 套
氧分析仪	175 套
微量水分析仪	108 套
pH 计/ORP 仪	187 套
电导率分析仪	171 套
热值分析仪	14 套
其他分析仪表	52 套
合计	1 031 套

(2) 100 万吨/年乙烯装置在线分析仪表应用举例

	上海赛科石化	天津中沙石化	镇海炼化
气相色谱分析仪	35	27	
工业质谱分析仪		2	
气分析仪	18	17	14
pH 计	19	18	19
微量水分析仪	11	16	15
电导率分析仪	17	17	15
红外分析仪	3	1	2
TOC 分析仪	4	2	2
其他分析仪	15	5	6

合计	122	105	113

（3）100万吨/年乙烯装置在线分析仪表概算举例

某100万吨/年乙烯装置仪表及自控系统概算（人民币）

仪表及自控系统总概算35 287万元（其中含2 480万美元）

　　　　设备费267 78万元

　　　材料安装费850 9万元

设备费包括：

自控系统	3 875万元	14.47%（占设备费百分比，下同）
分析仪表	3 367万元	12 57%
流量仪表	4 172万元	15.58%
液位仪表	1 280万元	4.78%
压力仪表	240万元	0.90%
温度仪表	2 387万元	8.91%
变送器	1 318万元	4.93%
控制阀	10 139万元	37.86%

4.2.2　裂解工段使用的在线分析仪器

（1）氧化锆氧分析器

测量裂解炉排放烟气中的氧含量，计算空气过剩系数，调节风门挡板开度，控制空燃比，节能降耗。每台炉子配1台氧化锆氧分析器。

氧化锆氧分析器分为直插式和抽吸式两类，直插式氧化锆氧分析器可用于燃煤炉、燃油炉，但不适用于燃气炉。这是由于采用天然气等气体燃料的炉子，烟道气中往往含有少量的可燃性气体，如 H_2、CO、CH_4 等。氧化锆探头的工作温度在 750 ℃左右，在高温条件下，由于铂电极的催化作用，烟气中的氧会和这些气体成分发生氧化反应而耗氧，使测得的氧含量偏低。当燃烧不正常、烟气中可燃性气体含量较高时，与高温氧化锆探头接触甚至可能发生起火、爆炸等危险。

目前，石化行业的燃气炉多采用抽吸式（也有的采用高温直插式）氧化锆氧分析器，这种分析器在氧化锆探头之前增加了一个可燃性气体检测探头，可同时测量烟气中的氧含量和可燃性气体的含量。其作用有以下几点：

①在可燃气体检测探头上，可燃性气体与氧发生催化反应而消耗掉，从而消除了其对氧化锆探头的干扰和威胁；

②用可燃气体检测结果对氧化锆探头的输出值进行修正和补偿，从而使氧含量的测量结果更为准确；

③根据可燃气体检测结果判断燃烧工况是否正常，以便及时进行调节和控制。

（2）燃料气热值分析器

乙烯裂解炉使用的燃料，主要是分离工段分离出来的甲烷和其他可燃性废气，也采用部分燃料油。每条燃料气总管配置1台燃料气热值分析器，测量燃料气的热值（发热量），参与燃烧控制、出口温度控制和裂解深度控制。我国的乙烯装置大多采用美国 Fluid Data 公司的燃烧法热值分析器。

(3)工业气相色谱仪(或质谱仪)

一般每 2 台裂解炉配置 1 台工业气相色谱仪,测量裂解气中的 H_2、CH_4、C_2H_6、C_2H_4、C_3H_8、C_3H_6 含量,参与裂解深度控制。裂解气在线色谱仪的分析结果,可为优化乙烯裂解炉的工艺操作、提高乙烯产量提供重要的参考数据。

天津新建 100 万吨/年乙烯装置已采用 2 台工业质谱仪取代色谱仪,对 10 台裂解炉的裂解气组成进行快速分析。

(4)近红外光谱分析仪

近红外光谱分析仪用以分析裂解原料油品的族组成,预测裂解结果,校正裂解炉出口温度设定值。据了解,独山子、赛科、扬子乙烯装置已经配备了在线近红外分析仪。

(5)急冷废热锅炉水质分析仪器

①锅炉给水水质监测。锅炉给水来自冷凝水和脱盐水,在线监测项目包括二氧化硅含量、TOC(总有机碳)含量,还包括脱盐水除氧处理后水中的溶解氧含量、锅炉给水加药处理后的磷酸根含量等,采用在线硅酸根(或电导率)、TOC、溶解氧、磷酸根分析仪监测给水水质并对除氧和加药过程进行控制。

②锅炉锅水水质监测。通常是用工业 pH 计和工业电导仪在线监测锅水的 pH 值和电导率,其作用主要有以下两点:

a. 在汽包炉中,有时炉水的 pH 值显著上升到超过 PO_4^{3-} 浓度所对应的 pH 理论值。测定的碱度中,酚酞碱度要大于甲基橙碱度。很明显,炉水中存在着大量的游离 NaOH。游离 NaOH 的来源之一是补给水,即阳床漏钠严重或阴床带出的残存 NaOH;来源之二是凝结水,即凝汽器泄漏严重,冷却水中漏入的碳酸氢钠、碳酸钠在高温下分解生成 CO_2 和 NaOH。当炉水中游离 NaOH 过高时,应查明原因,使水处理系统尽量减少漏钠,如凝汽器泄漏,应及早堵漏。采取措施后,若 pH 值仍过高时,可向炉水中添加磷酸氢钠来调节炉水的 pH 值。炉水的 pH 值由工业 pH 计监测。

b. 为了使炉水的含盐量和含硅量能维持在极限容许值以下,以及排除炉水中的水渣,在汽包炉运行时,必须适时、适量地排放掉一部分含杂质量较大的炉水,并补入相同量的给水,这一操作称为排污。炉水的含盐量和含硅量由工业电导仪监测。

4.2.3　压缩、分离工段使用的在线分析仪器

(1)微量水分仪

由于在裂解时加入了一定量的稀释蒸汽,同时裂解气又通过了急冷、碱洗脱酸性气体以及水洗等操作过程,所以不同程度地使裂解气带入了一些水分。裂解气一般含水为 400 ~ 700ppm。在后工序深冷分离时,这些水分将会结成冰。裂解气经过加压后,在一定温度和压力下,这些水分还会和烃类生成白色的水合物结晶,如 $CH_4 \cdot 6H_2O$、$CH_4 \cdot 7H_2O$、$C_4H_{10} \cdot 7H_2O$ 等。结晶会堵塞管道和设备,使分离过程不能顺利进行。

为了防止结冰和生成烃类水合物晶体,必须除去裂解气中的水分。在深冷分离中,要求裂解气的露点为 – 70 ℃,含水量在 2 ppm 左右,有的工艺要求小于 1 ppm,因此要对裂解气进行深度干燥脱水。

微量水分仪用于干燥器出口,监测裂解气经干燥处理后的含水量。此外,在分离流程中,氢气、碳二馏分、碳三馏分在进入加氢脱炔反应器之前,也需通过分子筛干燥剂进行干燥,干

燥效果采用微量水分仪监测。目前我国乙烯装置大多使用电容式微量水分仪。

（2）工业气相色谱仪

分离工段是在线色谱仪集中使用的场所，使用数量从 15 台到 30 台不等（根据装置规模和设计要求而定）。其作用是分析各分馏塔进料、塔顶和塔釜流出物、灵敏点塔板物料的组成，为分离操作提供参考数据或直接参与闭环控制。

分馏塔顶和塔底通常设置分析检测点，测量物料中杂质的含量。如脱甲烷塔顶部物料中的乙烯含量，底部的甲烷含量。通常顶部重组分含量是精馏塔回流量控制的参考，底部轻组分的含量是再沸器热源流量控制的参考。

（3）红外线气体分析器

①用于乙烯精馏塔、丙烯精馏塔塔釜流出物分析，参与闭环控制。

②用于甲烷化反应器进出口气体中微量 CO 分析。

裂解过程中，在高温下稀释蒸汽与积炭发生水煤气反应而生成 CO。因此，在裂解气中带有 5 000 ppm 左右的 CO，少量的 CO 可严重影响乙烯、丙烯的质量和用途。聚合级乙烯的 CO 含量要求在 10 ppm 以下。此外，CO 带入富氢馏分中，会使加氢脱炔催化剂中毒。

在乙烯生产中常用甲烷化的方法来脱除 CO。甲烷化是将 CO 催化加氢生成甲烷和水。在甲烷化流程中，须采用红外分析器测量甲烷化反应器进出口气体中的微量 CO 含量。

（4）工业色谱仪在加氢反应器中的应用

①在碳二加氢反应器（又称乙炔加氢反应器、除乙炔塔）的进、出口，各配置 1 台工业色谱仪，分析加氢前后碳二馏分中的乙炔含量，监控反应器的操作情况，辅助操作人员调节氢气流量。

工艺要求加氢后的乙炔含量小于 10 ppm，否则生产出的乙烯产品达不到优级品指标，当乙烯产品中的乙炔含量小于 10 ppm 时，会使下游聚乙烯装置中的催化剂中毒。

碳二加氢反应器出口的乙炔含量合格是乙烯装置开车成功的首要标志，由此可见工业色谱仪在加氢反应工艺操作中的重要地位。

②碳三加氢反应器（又称丙炔加氢反应器、除丙炔塔）的情况与此相同，加氢的目的是除去碳三馏分中的甲基乙炔（MA）和丙二烯（PD）。工艺要求加氢后的 MA + PD 含量 < 15 ppm。

采用工业色谱仪分析加氢前后碳三馏分中的 MA + PD 含量，监控反应器的操作情况，辅助操作人员调节氢气流量。

（5）工业色谱仪和红外分析仪在乙烯、丙烯精馏塔中的应用

乙烯精馏塔通常在塔顶乙烯产品出口、塔内灵敏塔板和塔釜出口分别设置采样点。工业色谱仪和红外分析仪在乙烯精馏塔的操作控制中扮演重要角色。

①工业色谱分析仪对塔顶乙烯产品中的氢气、甲烷、乙炔、乙烷等进行监测。如果比乙烯轻的组分含量超过允许浓度，就要调整塔顶排放量；如果乙烷含量超标，则应增大塔顶回流量或降低再沸器热源流量。

塔顶色谱仪同时分析乙烯产品的杂质含量，确保乙烯产品纯度达到 99.9% 以上，各种杂质含量符合要求。

②根据红外分析仪（也有采用工业色谱仪的）测得的塔底乙烷流出物中的乙烯含量，调整再沸器热源流量，控制塔釜加热温度。

灵敏塔板处的物料组成反映了塔釜物料的组成情况，对灵敏板的控制可以及时调整塔釜

物料组成。工业色谱仪分析灵敏塔板物料组成和乙烯含量,通过串级控制再沸器的热源流量,及时调整塔釜物料组成。

丙烯精馏塔的情况与此相同。

③精馏塔是乙烯工厂的典型设备,是产品出厂前最后一段工序。增加回流比可提高产品纯度。最佳回流比可保证产品纯度和节省热量、冷量,降低运行费用,提高经济效益。

在满足市场纯度要求的条件下,若回流比从 5:1 降到 4:1 ,可节约 20% 的能量,乙烯精馏塔(100 万吨/年,塔高 106 米)可节电约 37 万千瓦时,丙烯精馏塔(55 万吨/年,塔高 107 米)可节电约 21 万千瓦时。

4.3　在线分析仪器在裂解深度控制中的应用

在乙烯生产中,裂解炉是生产过程中的耗能大户,其能耗占全装置的 46% ,因此,优化裂解炉的工艺控制对整个装置的节能降耗是十分关键的。

裂解深度是指裂解反应进行的程度。裂解深度控制对于提高乙烯产品收率、调整产品分布、延长裂解炉清焦周期、降低原料消耗、节约能源具有十分重要的意义,已受到石油化工行业的高度重视。

参与裂解深度控制的在线分析仪器主要有裂解气色谱分析仪(或质谱分析仪)、燃料气热值分析仪、裂解原料近红外分析仪等,其作用是:根据裂解气色谱仪分析结果,计算丙烯/乙烯比率或甲烷/丙烯比率,将体积比转化为质量比,通过计算,控制裂解炉出口温度。控制手段是调节燃料气喷嘴出口压力(即流量),用燃料气热值仪的分析结果修正燃料气的发热量。而用近红外光谱仪分析裂解原料油的族组成,对控制裂解炉出口温度设定值进行预估和校正。

简单地说,就是采用色谱仪、热值仪、近红外分析仪以及其他测量控制仪表和 DCS 系统对裂解炉出口温度实施 APC – RTO 控制。

其中,在线分析结果在裂解深度控制中的权重约占 30% ,但却是裂解深度控制必不可少的重要参数。

4.3.1　燃料气热值分析仪

裂解炉炉管出口温度(COT)是控制裂解深度和抑制炉管结焦速率的关键过程变量。为了安全高效地进行乙烯生产,提高裂解炉运行周期,必须精确控制 COT 温度,COT 温度波动范围最好不超过 2 ℃。

裂解炉在操作过程中,有很多过程变量会影响 COT 的稳定,例如裂解原料进料量的变化、稀释蒸汽量的变化、燃料气压力(流量)和热值的变化、裂解炉管结焦等都会对 COT 产生影响。在进料量、稀释蒸汽量、燃料气压力基本稳定的情况下,影响 COT 的关键因素就是燃料气的热值变化,因此及时准确地测量燃料气热值变化就变得非常重要。

在生产过程中最关键的是要控制好燃料气的热值,而不是流量。该仪表通常选用美国热电公司的力平衡式热值仪,使用效果比较稳定,维护量小,但精度不够高而且数据存在纯滞后,达不到控制要求,因此在 APC 中需要对这个参数进行修正。

一般 1 个裂解炉系列(1 条燃料气管线)安装 1 台热值仪就可以了,通常要求热值仪安装在燃料气的入口处,此处最能反映燃料气的波动情况。

4.3.2 裂解气出口在线色谱分析仪

在线色谱仪是所有裂解炉必须配置的仪器,通常是 2 台炉子配 1 台色谱仪,由于要实施 APC,现在有些工厂每台炉子配 1 台在线色谱仪。在线色谱仪基于色谱柱分离原理,采用 TCD 检测器,这种仪器分析准确、耐用性好而受到用户的青睐。

其缺点是裂解气分析的周期较长,约 6 min,两台裂解炉两个流路轮流分析分析周期就要 12 min。由于分析周期长,分析结果不能满足实时控制要求,通常的做法是对测量值进行补偿,得到准确实时的测量值(图 4.3)。图中的 PV 就是一个修正后的 APC PV。

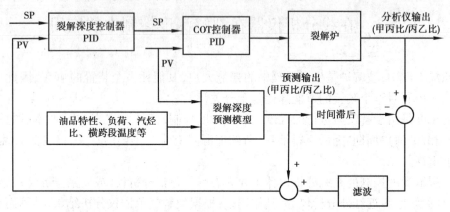

图 4.2 基于预测模型的裂解深度智能 Smith 预估控制方案

图 4.2 中,实际上对分析仪的输出数据进行了两次修正。第一次是完成补偿功能,第二次应用鲁棒模块增强输出的稳定性。

在线分析仪通常输出几个组分摩尔比的浓度信号:甲烷、乙烯、乙烷、丙烯、丙烷等,常使用组分甲烷/丙烯浓度质量比值或乙烯/丙烯浓度质量比值作为测量输出,用作 APC 需要的 SP 值的基础测量信号,一般来说比值能正确及时地反映裂解深度情况。甲丙比用于重油炉的控制,乙丙比用于轻油炉的控制。

图中的油品特性数据主要是指油品的族组成 POINA,可采用在线近红外分析仪得到,在没有近红外分析仪的场合,数据由离线的 SPYRO 得到,由人工输入 DCS。SPYRO 是荷兰 TECNIP 一种仪器计算软件,通过输入某些油品特性数据可以计算出油品的 POINA,但近红外分析仪分析准确且具有实时性。

4.3.3 裂解气出口在线质谱分析仪

天津的 100 万吨大乙烯工程首次使用了质谱仪在线分析裂解气组成,取得了成功。使用质谱仪可以同时对多路、多组分进行快速分析,其分析周期在 30s 以内,有效地解决了在线色谱仪分析周期长、滞后大的问题,质谱分析的数据只要过滤了噪声就可以直接引入 APC 控制,而无需补偿。

质谱分析法的特点决定,只要用一台质谱仪就可以完成整个工程 11 台裂解炉的裂解气在线分析。裂解炉质谱分析法与色谱分析法性能对比见表 4.2。

表 4.2　裂解炉质谱分析仪与色谱分析仪性能对比

项目	工业质谱分析仪	工业色谱分析仪	备注
流路	32 路	2 路	
组分	22 个	5 个	
采样间隔	3 分钟	30 分钟	
分析时间/组分	30 秒	3~6 分钟	
相对精度	0.1%	0.5%	

色谱仪滞后大,维护量也比较大,但是耐用性好一些。

质谱仪测量迅速,维护量也不大,最大问题是对样气的品质要求比较高,要保证样气干净清洁,不带油污,否则会污染离子源,使仪表工作不起来,这个要求将促进预处理技术的改进。

4.3.4　应用近红外分析仪分析油品族组成

在我国的乙烯工业中,石油来源不稳定,特别是炼油能力不足的公司油品变化大,导致反映油品指标的 POINA(直链烷烃、异构烷烃、芳烃、环烷烃和烯烃)不一样、变化大,影响裂解生产控制。

实施裂解深度优化(RTO)需要配置近红外分析仪,以获得准确实时的 POINA 数据。在没有近红外分析仪的情况下,用油品的密度数据无法真实反映油品的质量变化情况。

裂解炉炉管出口温度(COT)要随着油品质量的变化而变化,这个指标反映了裂解深度的要求,即 COT 温度的给定值最好由油品分析直接给出。

近红外光谱区与有机分子中含氢基团(CH、OH、NH)振动的合频和各级倍频的吸收区一致,通过扫描样品的近红外光谱,可以得到样品中有机分子含氢基团的特征信息,而且利用近红外光谱技术分析样品具有方便、快速、高效、准确的优点,成本较低,不破坏样品,不消耗化学试剂,不污染环境等优点,该分析仪在石化工业中的典型应用见表 4.3。

表 4.3　近红外分析仪在石化工业中的典型应用

分析对象	分析指标
原油	密度,实沸点蒸馏,浊点,油气比;油砂中沥青含量
天然气	烷类组成,水分,总热含量
成品汽油	辛烷值(RON. MON),密度,芳烃,烯烃,苯含量,MTBE,乙醇含量
催化裂化汽油	辛烷值(RON. MON),PIONA(直链烷烃、异构烷烃,芳烃,环烷烃和烯烃),馏程
重整汽油	辛烷值(RON、MON),芳烃碳数分布,馏程
裂解汽油	辛烷值(RON. MON),二烯、二甲苯异构体含量

续表

分析对象	分析指标
石脑油	POINA,密度,分子量,馏程,乙烯的潜收率,结焦指数
柴油	十六烷值,密度,折光指数,凝点,闪点,馏程,芳烃组成(单环、双环和多环)
航煤	冰点,芳烃,馏程
润滑油	族组成,基础油黏度指数,黏度,添加剂
重油	API 度,渣油中 SARA 族组成:沥青中蜡含量

傅里叶变换近红外分析仪应用比较成熟,效果好,但是价格比较贵,影响推广应用。在乙烯工业中和石化工业中,应用傅里叶近红外分析仪首先需要建立油品数据库,在油品数据库建立以后必须定期校正模型,仪器可以根据油品变化及时地输出数据用于过程控制。

4.3.5 实施 APC 和 RTO 的效果评价

①稳定裂解炉的平均出口温度 COT。

②减小裂解炉各组炉管间的温度偏差,使 6 组炉管出口温度误差控制在 ±1 ℃ 的范围内(由于各炉管之间存在强耦合,人工无法控制)。

③提高双烯收率 1% ~2% ,降低能耗 10% ~15% 。

④准确控制汽烃比,避免炉管结焦,延长生产周期。

⑤投用热值控制后,可以减少燃料气的消耗,多种不同热值的燃料气可以同时使用,节约了燃料。

4.4　乙烯裂解气取样和样品处理系统

裂解气在线分析的作用和意义,归纳起来主要有以下几点:

①裂解气在线分析是对裂解效果进行综合评判的重要手段之一,通过对实时数据进行分析,可以清楚地看到原料裂解的效果。

②有效的分析数据可以对裂解炉出口温度的准确性进行核实。

③准确的分析数据是实施裂解深度控制和优化工艺操作的必要条件。

④可以降低实验室分析频率,减少人工分析工作量并有效克服其分析滞后。

总之,裂解气在线分析可为优化乙烯生产、提高乙烯收率提供重要的操作参考数据,实现色谱分析仪在线控制运行,可为企业创造可观的经济效益。

但是,目前多数乙烯装置的裂解气在线分析系统存在问题,绝大多数在线色谱仪不能长期、稳定运行。中国石化集团公司领导对此十分重视,责成中国石化仪表专家组在齐鲁石化公司和扬子石化公司召开了两次裂解气在线色谱仪运行稳定性技术攻关会议。与会专家认为,造成裂解气色谱仪投运率低的原因在于取样和样品处理系统,主要影响因素是裂解气取样装置。

本节根据中国石化集团公司下发的《提高乙烯裂解气在线色谱仪运行稳定性技术攻关会议纪要》、扬子石化公司近三年来的攻关经验以及我们多年的工程实践,探讨乙烯裂解气取样和样品处理系统存在的问题及改进措施。

4.4.1　乙烯裂解气取样装置的工作原理和性能指标

我国使用的乙烯裂解气取样装置主要有美国 Fluid Data 公司的 Py-Gas(该产品现已被美国热电集团即 Thermo Fisher 收购)和 ABB 公司的 DRS。此外,我国天华化工机械及自动化研究设计院也开发了 YQXL 型旋冷仪。这些产品的工作原理基本相同,结构上有所差异,以 Py-Gas 为例,其结构如图 4.3 所示。

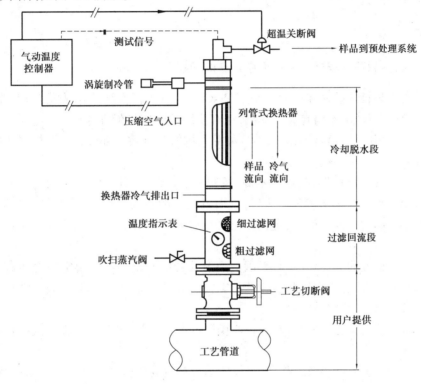

图 4.3　Py-Gas 乙烯裂解气取样装置结构图

该装置由过滤回流部件、列管式换热器、涡旋制冷管和气动温度控制器 4 个部分组成。其工作过程如下:

①高温、高含水、高油尘样品先经过滤回流部件除去一部分液态油尘。

②用涡旋制冷管产生 0 ~ -30 ℃的制冷气源,经列管式换热器冷却样品,使绝大部分水分和重烃冷凝为液体,顺列管流下,冲洗过滤回流部件后返回工艺管道。

③冷却后的样品温度由测温元件(温包和毛细管)测量,气动温度控制器根据测温信号控制压缩空气进口阀、样品气出口阀的开关。制冷温度有一个设定范围,当温度低于设定范围的下限时,关断压缩空气进口阀,停止制冷;当温度高于设定范围的上限(一般为 6 ~ 10 ℃)时,关断样品气出口阀,停止供气;当制冷温度在设定范围之内时,两个阀门均打开,取样装置正常制冷,样品采出。

④取样装置送出的样品再经过简单处理,除去残留的水分和夹带的油雾后送色谱仪进行

测量。

其主要性能指标如下：

a.样品条件。

温度：max 650 ℃；压力：max 0.14 MPa；

b.输出指标。

温度：(10~30) ℃±2 ℃；

压力：样品通过 Py-Gas 时的典型压力降为 7 kPa；

流量：500~1 500 mL/min；

c.压缩空气。

供气压力：0.5~0.7 MPa；

耗气量：250 L/min。

4.4.2　乙烯裂解气取样装置使用中存在的问题

我国的乙烯裂解气取样装置大多采用 Py-Gas，但从国内实际使用情况来看，效果相当不理想。究其原因，有产品本身存在的缺陷，也有使用维护中存在的问题。

温控器控制精度低，运行不稳定，造成样品气中时常带液。部分企业温控器故障率高，影响色谱仪的投用。

Py-Gas 采用气动温控器，灵敏度不高，控制精度低，实际使用精度大约为 5 级（说明书中没有注明），温包温度计本身测量滞后较大，而且测量的是列管中的平均温度，当取样器出口温度上升到温控器动作设定值时，重组分已经被带出了取样装置，这是造成样品气带液的原因之一。

造成样品气带液的另一个原因是，国内裂解装置的原料供应不稳定，通常由多种原料组成，比如石脑油、轻石脑油、常压柴油、减压柴油、加氢尾油等，不同原料的裂解效果不一样，其油、气分离点比较难以掌握，对应的控制器设定点难以确定。

涡旋管制冷器制冷能力偏小，部分企业仪表风压力偏低、风管口径偏小或存在节流现象，影响制冷效果。

取样器外壳未采取绝热或伴热保温措施，季节造成的环境温度变化影响温控系统的稳定运行和气液分离效果。

裂解炉烧焦时，没有及时关闭取样器根部阀，影响取样器正常工作。

取样器出口压力、流量不稳定，影响色谱仪的正常工作。

样品处理系统除尘、除油效果差，易造成色谱仪采样阀磨损，污染色谱柱，影响色谱仪正常工作。

4.4.3　Py-Gas 的选型、使用、维护以及样品处理系统的设计

应当看到，对于乙烯裂解气这种高温、高含水、高油尘样品的处理本身难度就很大，裂解原料的差别，多变的工况，频繁地清焦、取样，系统配置及使用维护上的不当等，都会对 Py-Gas 的运行产生影响。因此，保持 Py-Gas 长期稳定运行并非轻而易举。

根据国内使用经验和工程实践，对 Py-Gas 裂解气取样装置的选型、使用、维护以及样品处理系统的设计，提出以下建议：

根据工艺要求的不同,乙烯裂解气的取样点一般有两处,一处在废热锅炉出口管道上,另一处在急冷器出口管道上。废热锅炉出口管道中的物料温度高,约 525 ℃,含水量约 30%,压力约 91 kPa,不含急冷油(在急冷器之前)。此处的主要问题是除水和防止结焦,可考虑选用带除焦阀(De-Coke Ram Valve)的 Py-Gas(根据实际使用情况,此处的取样器极易堵塞,建议最好不要在此设置取样点)。急冷器出口管道中的物料温度在 200 ℃ 以上,含水量约 6%,压力约 91 kPa,含有大量急冷油(约 85%),此处的主要问题是除油,无需采用除焦阀,在这里设置取样点效果较好。

裂解炉烧焦时,没有及时关闭取样器根部阀,会造成有水汽和焦油积聚在 Py-Gas 内部,影响 Py-Gas 取样器正常工作(安装在裂解气总管上的取样器影响不大,而安装在废热锅炉出口处的影响大)。建议将安装在废热锅炉出口处取样器的根部手动阀改为带阀位指示器的气动或电动闸阀,其开关动作由清焦程序自动控制,清焦开始关闭,清焦结束打开,阀位状态可在 DCS 上观察到。这样可以有效减少烧焦引起的故障,同时减轻维护人员的工作量,将 Py-Gas 根部手动阀改为气动闸阀的方案如图 4.4 所示。

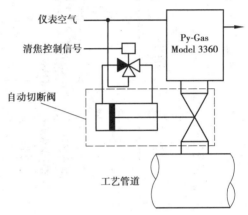

图 4.4　将 Py-Gas 根部手动阀改为气动闸阀的方案

根据现场可能提供的仪表风压力,合理选择 Py-Gas 的规格,标准型 Py-Gas 产品要求的供风压力为 0.5~0.7 MPa,其产生的冷气流量为 8 SCFM(0.48m³/min),如果供风压力低于 0.5 MPa,或者在 0.4~0.7 MPa 内波动,则应选择输出冷气流量为 15 SCFM(0.9m³/min)的非标准型 Py-Gas 产品,以确保 Py-Gas 的制冷效果。

涡旋制冷管的缺点是耗气量大,在考虑供风压力的同时,还要考虑供风流量能否满足 Py-Gas 的要求,仪表风供气管线管径应不小于 3/8 英寸或 10 mm。此外,仪表风质量(含水量、含尘量)也应符合要求,有些涡旋制冷管出现的冻结现象就是由于仪表风含水量超标引起的。

部分装置的涡旋制冷管制冷能力偏小,大多是由于选用了 8 SCFM 的 Py-Gas 产品,加之仪表风压力偏低或供风管口径偏小所致。这种情况的补救措施之一,是在进分析仪之前再增加一级涡旋制冷、气液分离环节,通过两级冷却分离,将油液彻底除去,其方案如图 4.5 所示。这种办法的缺点是延长了采样时间,增大了分析滞后及样品系统的维护量。

对 Py-Gas 的过滤回流段、冷却脱水段筒体采取绝热保温措施,减少环境温度变化的影响。我国工业现场环境温度的变化幅度一般可达 50~60 ℃(极端温度是冬季最低 -35 ℃,夏季最高 +40 ℃)。安装场所环境温度的大幅度变化,会严重影响 Py-Gas 的制冷效果,因此有必要采取绝热保温措施。

还应根据 Py-Gas 安装场所的环境温度及其变化,及时对其出口温度的控制点加以调整,例如,夏季调低,冬季调高,炎热地区调低,寒冷地区调高。一般设置在 8~10 ℃ 比较合适。

样品前级处理应具有过滤除油和稳压、稳流功能,样品流量应控制在 1 000~1 500 mL/min。当取样点选在急冷器出口管道上时,应完善设计(对于卖方)和慎重选择(对于买方)Py-Gas 之后的过滤除油、油气分离和排油环节,尽可能将 Py-Gas 出口气体中可能夹带的油

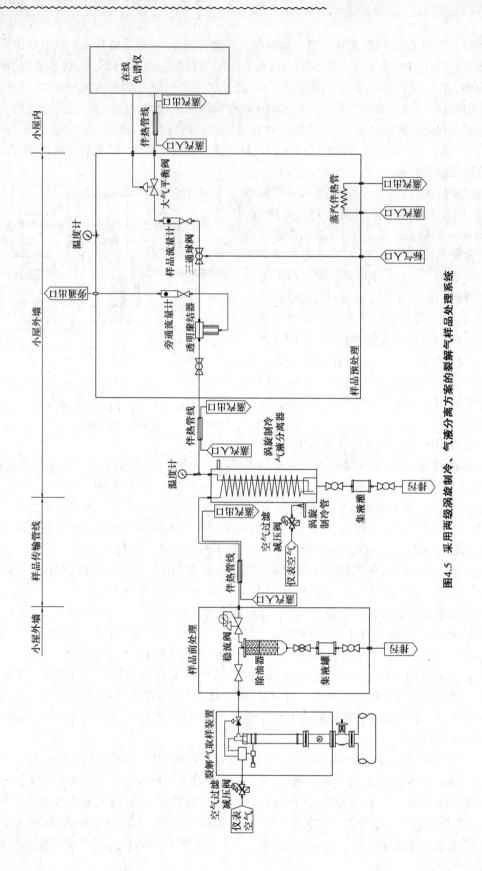

图4.5 采用两级涡旋制冷、气液分离方案的裂解气气样品处理系统

雾、油液除去,并应加强对此处的巡检维护,及时排除故障。

在油气分离器中会产生一定的积液,需要定期排放。油气分离器和样气流路是连通的,积液排放过程往往会造成样气系统失压,致使色谱仪分析值出现波动,这种情况对于已投入裂解深度控制的色谱仪来说是不允许的。此时,裂解深度控制系统必须提前切除,从而影响到该系统的长周期投用,因此应采用积液无扰动排放技术,使积液排放过程不致产生样气压力波动,保证分析过程的稳定性和分析结果的准确性。

样品处理系统中气液分离器常用的排液方法和排液器件主要有如下一些:

①利用旁通气流将液体带走。

此时应安装一个针阀限制旁通流量,并对压力进行控制。但这种方法通常并不理想,因为不断地分流对样气不仅是一种浪费,而且存在有毒、易燃组分时还可能导致危险。

②采用自动浮子排液阀排液。

自动浮子排液阀的结构如图 4.6 所示。当液位引起浮子上升时,阀门打开,使液体排出。这种方法通常也不理想,因为浮子操作阀机构往往会被样品中颗粒物所堵塞。此外,当样气压力较高或需要保持样品流路压力稳定时,也不宜采用自动浮子排液阀。

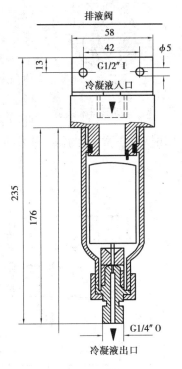

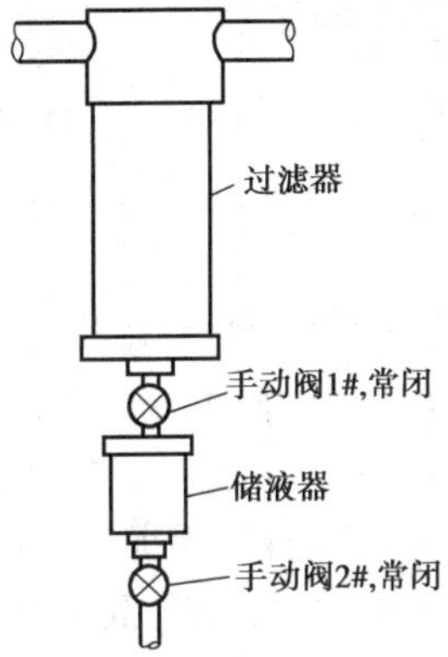

图 4.6 自动浮子排液阀

③采用手动排液装置排液。

采用图 4.7 所示的手动排液装置,这种方法解决了上述两种方法存在的问题和弊病,是一种值得推荐的正确排液方法,尤其适用于样气压力较高或需要保持样品流路压力稳定的场合。如将图中的两个手动阀改为电动或气动阀并由程序进行控制,则可成为自动排液装置。

④采用蠕动泵自动排液(图 4.8)。

其优点是排液量小,排液流量十分稳定,很适合样品处理系统少量凝液的连续自动排放,不受样品压力高低的影响,也不会对样品流路压力的稳定产生干扰。其缺点是维护量较大,每 30 ~ 60 天就要对泵管进行预防性更换,当排液中含有颗粒物时,更换间隔时间会更短,好在泵管的更换费用很低。

图 4.7 手动排液装置

Py-Gas 到分析仪之间的样品传输管线应采用直径为 1/4 英寸或 6 mm 的不锈钢 Tube 管,并应采取伴热保温措施,最好采用电伴热,当采用低压蒸气伴热时,应分段伴热,以 30 ~ 50 m 为一段。无论采用何种伴热,均应配备蒸汽吹扫设施。

无论考虑如何周全,样品带油现象还是难以避免的,问题是及时发现并采取相应措施,避免带油样气进入色谱仪中造成危害。建议在分析小屋的样品预处理系统中加装一个观察罐,如图 4.9 所示。其结构是将一段焊接连接的"T"形样品管路,装在透明的玻璃或塑料罐中。

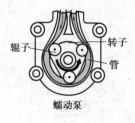

辊子　转子

管

蠕动泵

图 4.8　蠕动泵排液装置

其作用是可及时观察到样品带油现象,以便迅速处理,观察罐同时起到油气分离器的作用,"T"形样品管路可以避免样品的传输滞后,因为样气只是流经"T"管路,并未进入观察罐中。

在线气相色谱仪的载气耗用量较大,大约 20 天要更换一次供气钢瓶,更换气瓶时色谱仪处于"维护"工作模式,分析数据无效。这对于已投入裂解深度控制的色谱仪来说也是不允许的。此时裂解深度控制系统也须提前切除,从更换载气到裂解气分析仪输出恢复正常,大约需要 2 小时,对投用的控制系统影响很大。

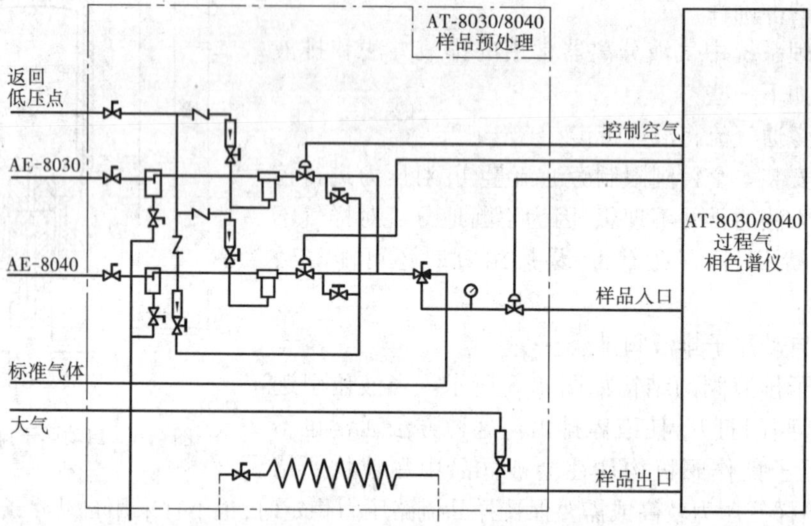

图 4.9　乙烯裂解气样品处理系统和气样带油观察罐

为了实现裂解气色谱仪的不间断连续稳定运行,可采用载气更换过程的自动切换技术。图 4.10 是一种双气瓶供气自动切换系统,它可以自动切换供气气瓶,防止供气中断,既保证了色谱仪的不间断连续分析,也减轻维护人员的负担。

图中 A、B 都是 40L 氢气钢瓶,共同为色谱仪提供载气,B 为正常供气瓶,A 为切换时的备用瓶,供气压力规定 ≥ 0.5 MPa。A_1、B_1 为减压阀,A_2、B_2 为止逆阀(单向阀),A_1 设定在 0.5 MPa,B_1 设定在 0.51 MPa。

开始供气时,两个气瓶和两套阀门均打开,由于 A_1 的设定压力小于 B_1,此时 B 瓶气的高压力使 B_2 处于"开"状态,A_2 处于"关"状态,先由 B 瓶供气。当 B 瓶的供气压力低于 0.5 MPa 时,发生切换,A_2 处于"开"状态,而 B_2 处于"关"状态,此时由 A 瓶临时供气。维护人员巡检时发现 B 瓶压力已降至 0.5 MPa,用一瓶新充装的氢气钢瓶将其替换下来,则又开始了新一轮的供气切换过程。

日常维护和注意事项

a. 定期检查取样器出口温度,及时调整涡旋制冷器运行状态。

b. 定期检查调整取样器出口样品流量。

c. 定期排放取样器出口过滤除油器中的积液,定期更换过滤器滤芯。

d. 定期用低压蒸汽吹扫取样管线。

e. 定期对取样系统进行泄漏检查,消除泄漏点。

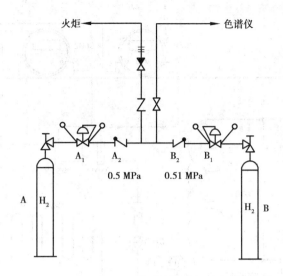

图 4.10　双气瓶供气自动切换系统示意图

f. 加强与工艺操作人员联系,当裂解炉烧焦时,及时关闭取样器根部阀。

g. 保证在线色谱仪分析数据与实验室化验结果的一致性,在线色谱仪和实验室色谱仪应在同一位置取样,使用同一厂家生产的标准气。

进一步研究探讨完善改进措施

a. 研制实用高效的除油措施,应用于样品处理系统,消除进色谱仪样气的含油现象。

b. 开发新型电子式温度控制器,取代现有的气动机械式温控器,提高温控器运行的稳定性和控制精度。温度控制器应具有温度显示功能,便于远程操作,温控精度应达到 ±1 ℃。

c. 在 DCS 中应组态样品分析结果画面,显示裂解深度(质量比)和各组分含量。

4.5　急冷废热锅炉水样的减温减压处理

图 4.11 是乙烯裂解装置急冷废热锅炉水质监测系统原理结构图,图 4.12 是柜式高温高压锅炉水质监测系统的外形图。该系统采用一台 pH 计和一台电导仪测量锅炉中水的 pH 值和电导率。被测水样温度 320 ℃,压力 11.5 MPa,经图中的减温减压器进行处理,以适合仪器的测量要求。

pH 计、电导仪、减压器等均装于柜中,柜子侧面装套管式冷却器。外形尺寸:600 mm × 450 mm ×600 mm(高×宽×深)。

注意:锅炉锅水 pH 计、电导仪的安装顺序!减温减压后的样水应先进入电导仪,再流入pH 计。不能装反了,如果把 pH 计装在前面,参比电极中的 KCl 离子经陶瓷塞不断渗入样水形成盐桥,样水流入电导仪时会将微量 KCl 离子带入造成测量误差,所以流路中的安装顺序应当是电导仪在前,pH 计在后。

被测高温高压水样先后经套管式水冷器降温和液体减压阀降压,然后经压力、流量调节后,送入电导仪和 pH 计进行测量。

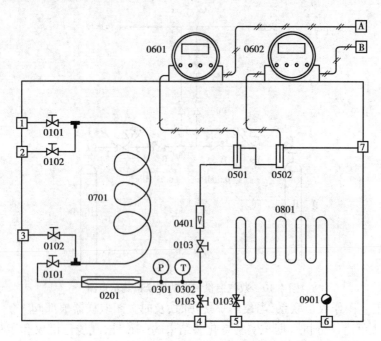

图 4.11　乙烯裂解装置急冷废热锅炉水质监测系统原理结构图

1—水样入口;2—冷却水出口;3—冷却水入口;4—旁通出口;5—伴热蒸汽入口;6—伴热蒸汽出口;7—样品水排放出口;0101—高温高压截止阀;0201—液体减压阀;0501—电导仪电极和流通池;0502—pH 计电极和流通池;0601—电导仪转换器; 0602—pH 计转换器;0701—套管式水冷器

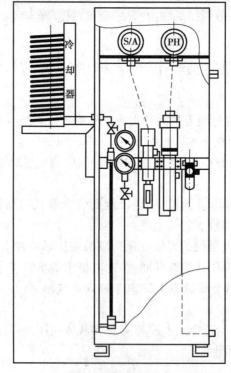

图 4.12　柜式高温高压锅炉水质监测系统外形图

套管式水冷器内管中通被测样水,外管中通冷却水,内、外管液体逆向流动。也可采用盘管式水冷器,但其体积较大,换热效率也不如套管式高。

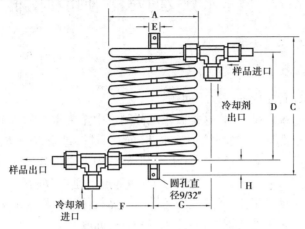

图 4.13　Parker 公司套管式液体冷却器

液体减压阀采用间隙减压原理工作,液体流经一条狭窄的缝隙后达到减压的目的。图中的压力表和温度计用于监测减温减压效果,以免温度、压力超出仪器测量要求。

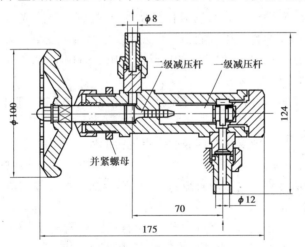

图 4.14　双螺杆式液体减压阀结构图

减温减压器的主要技术指标为:

样水温度:可由 320 ℃降至 90 ℃以下;

样水压力:可由 11.5 MPa 降至 0.5 MPa 以下;

样水流量:≤2 L/min;

冷却水压力:≥0.5 MPa;

减温减压部件材质:316 耐热不锈钢;

减温减压部件压力等级:≥PN25 MPa;

减温减压部件耐温性能:≥400 ℃。

4.6　微量水分仪的安装、使用和校准

4.6.1　安装

微量水分仪安装配管时应注意以下问题：

首先应确保气路系统严格密封，这是微量水分测量中至关重要的一个问题。配管系统中某个环节哪怕出现微小泄漏，大气环境中的水蒸气也会扩散进来，从而对测量结果造成很大影响。虽然样品气体的压力高于环境大气压力，但样气中微量水分的分压远低于大气中水蒸气的分压，当出现泄漏时，大气中的水分便会从泄漏部位迅速扩散进来。实验表明，其扩散速率与管路系统的泄漏速率成正比，所造成的污染与样品气体的体积流量成反比。

样品系统的配管应采用不锈钢管，管线外径以 $\phi6$ mm（1/4 in）为宜，管子的内壁应清洗干净并用干气吹扫干燥。取样管线尽可能短，接头尽可能少，接头及阀门应保证密闭不漏气。待样品管线连接完毕之后，必须做气密性检查。样品系统的气密性要求是：在 0.25 MPa 测试压力下，持续 30 分钟，压力降不大于 0.01 MPa。

为了避免样品系统对微量水分的吸附和解吸效应，配管内壁应光滑洁净，必要时可做抛光处理，所选接头、阀门死体积应尽可能小。当气路发生堵塞或受到污染需要清洗时，清洗方法和清洗剂参照电解池清洗要求，但管子的内壁需要用线绳拉洗，管件用洗耳球冲洗，以防损伤其表面，最后应作烘干处理。

为防止样气中的微量水分在管壁上冷凝凝结，应根据环境条件对取样管线采取绝热保温或伴热保温措施。

微量水分仪的检测探头应安装在样品取出点近旁的保温箱内，不宜安装在距取样点较远的分析小屋内，以免管线加长可能带来的泄漏、吸附隐患以及由此造成的测量滞后。如果微量水分仪安装位置距取样点较远或取样管线较细，则应加大旁通放空流量，一般测量流量与放空流量的比例为 1:5 以上。

如果被测气体中含有杂质或油雾量太多，将会直接影响测量探头的使用寿命。此时应配备预处理装置对样品进行处理，以提高仪表的测量精度和使用寿命。

电容式微量水分仪对现场探头和显示器之间连接电缆的长度、线芯截面、屏蔽、绝缘性能等都有一定要求。许多因素（特别是电缆长度）会对电缆的分布电容产生影响，从而对测量结果造成影响。

一般情况下，应选用仪表厂家配套提供的电缆。如需自行采购，则应严格符合仪表安装使用说明书的要求。在安装和使用过程中，应注意以下问题：

①电缆长度应严格符合仪表厂家的要求，不可根据现场需要将所带电缆加长或截短，加长或截短电缆等于增加或减少了电缆的分布电容。

②电缆的插接头应注意保护，不可损伤。自配电缆要特别注意电缆端部插接头的适配性、坚固性和密封性能。

③连接电缆要一根到底，不允许有中间接头，切不可将几根短电缆连接起来使用。

④在标定探头时应将所配电缆同探头连在一起进行标定。

4.6.2　样品处理系统

图 4.15 是气相微量水分仪样品处理系统的典型流路图。图中的微量水分传感探头和样品处理系统装在不锈钢箱体内,用带温控的防爆电加热器加热。箱子安装在取样点近旁,样品取出后由电伴热保温管线送至箱内,经减压稳流后送给探头检测,两个转子流量计分别用来调节和指示旁通流量和检测流量,检测流量计带有电接点输出,当样品流量过低时发出报警信号。

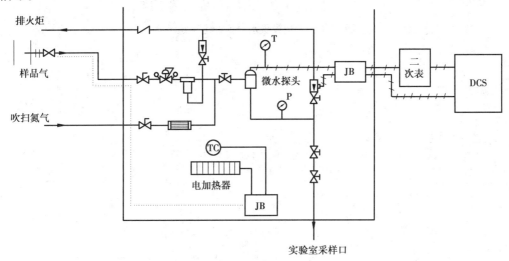

图 4.15　电容式气相微量水分仪样品处理系统流路图

4.6.3　微量水分仪的校准方法

晶体振荡式微量水分仪内带标准水分发生器,可在现场方便迅速地加以校准。电解式微量水分仪的工作原理属于绝对测量法,电解电流的大小直接反映出被电解水分的多少,仪表出厂校验合格后用户可以直接使用,一般不需要在现场重新进行校准。只有在下述情况下需重新校准:电解池受到污染,重新清洗涂敷五氧化二磷后;二次表出现故障修复后。电容式微量水分仪的传感器探头存在"老化"现象,其输出特性易受各种因素影响而发生变化,每年至少应校准一次。

微量水分仪的校准要求较高也相当麻烦,一般是将探头送回制造厂家进行校准,如条件许可也可由用户自行校准。下面介绍几种用户自行校准的方法。

(1)用标准湿度发生器进行校准

微量水分标准气体不宜压缩装瓶,也不宜用钢瓶盛装和存放,因为很容易出现液化、分层、吸附、冷凝等现象,所以不能从钢瓶气获得,只能现配现用。可使用标准湿度发生器配制,如硫酸鼓泡配气法、渗透管配气法、干湿气混合配气法配制微量水分标准气。

将配好的标准气按规定流量通入仪表,仪表的指示值同标准气的水分含量值之间的误差应符合仪表的精度要求。注意在使用标准气标定前,仪表的本底值必须降到规定数值以下。

(2)用高精度湿度计进行校准

用高精度的湿度计作标准仪器与微量水分仪同时测量同一样品的水分含量,两者之间进行比较。常用来作标准的仪器是冷凝露点湿度计。

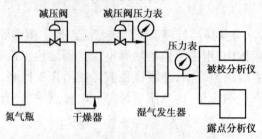

图 4.16　气相微量水分仪标定系统示意

第**5**章
炼油装置在线分析仪器配置及应用技术

2012 年底统计,我国石油化工行业总产值约 9.85 万亿元,其中化工总产值约 6.54 万亿元,炼油总产值 3.31 万亿元。进口原油约 2.71 亿吨,自产原油约 2.07 亿吨。

2012 年底统计,我国原油加工量约 4.78 亿吨/年,预计到 2015 年,我国原油加工能力将达 6.5 亿吨/年。我国 1000 万吨/年以上炼油厂将达 39 个。

炼油厂的生产规模是以常压蒸馏装置的原油处理能力为代表的。目前我国炼油厂的生产规模主要有 100 万吨/年(小型)、250 万吨/年(中型)、500 万吨/年(大型)、1 000 万吨/年(超大型)几种。

5.1 石油炼制工艺流程简介

5.1.1 原油加工方案

石油炼制工艺流程取决于原油加工方案,而原油加工方案又取决于原油的组成和性质以及市场对油品的需求。

(1)原油的组成和性质

原油因产地、生成原因等不同,其组成和性质也不同。按其化学组成划分,可分为石蜡基原油(直链排列的烷烃占 50% 以上者)、环烷基原油(环烷烃和芳香烃含量较大者)、中间基原油(性质介乎以上二者之间者);按其含硫量划分,可分为低硫原油(硫含量 <0.5%)、含硫原油(硫含量 0.5% ~2.0%)、高硫原油(硫含量 >2.0%)。

(2)市场对油品的需求

石油产品大体上可划分为两大类。第一类称为燃料油品,如汽油、煤油、柴油、燃料重油、沥青、石油焦、液化石油气等各种属于动力燃料范畴的油品;第二类称为润滑油品,如润滑油、润滑脂、石蜡等。原油加工方案可以分为 3 种基本类型:燃料型、燃料—润滑油型、燃料—化工型。我国的炼油厂大多数属于燃料型炼油厂,少数属于燃料—润滑油型和燃料—化工型。

燃料型:主要产品用作燃料的石油产品。除了生产部分燃料重油外,减压馏分油和减压渣油通过各种轻质化过程转化为各种轻质燃料。

燃料型炼油厂普遍采用的工艺流程如图 5.1 所示,主要加工环节为常减压蒸馏—催化裂化—延迟焦化。当原油中含硫、氮、金属等杂质较多以及难裂化的芳烃含量较高时,单靠催化裂化不能达到理想效果,此时则采用常减压蒸馏-加氢裂化-催化裂化-延迟焦化的加工流程,如图 5.2 所示。

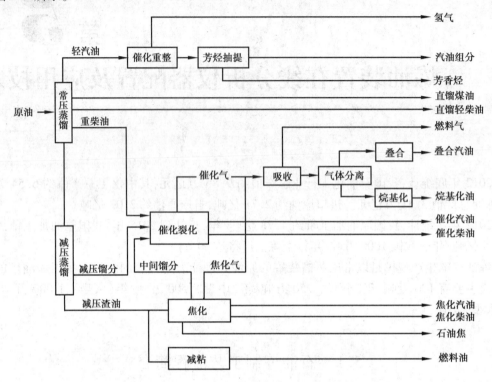

图 5.1　燃料型炼油厂常减压蒸馏-催化裂化-延迟焦化加工流程

燃料—润滑油型:除了生产用作燃料的石油产品外,部分或大部分减压馏分油和减压渣油还用于生产各种润滑油产品。

燃料—化工型:除了生产燃料产品外,还生产化工原料及化工产品,例如某些烯烃、芳烃和聚合物的单体等。这种加工方案体现了充分合理利用石油资源的要求,也是提高炼油厂经济效益的重要途径,是石油加工的发展方向。

这只是大体的分类,实际上各个炼油厂的具体加工方案是多种多样的,主要目标是提高经济效益和满足市场需要。

5.1.2　石油炼制工艺流程简述

石油炼制工艺过程大体上可分为以下四个部分:

(1)原油一次加工(初加工)

原油一次加工是指常压蒸馏和减压蒸馏,根据石油各组分沸点的不同,在常压和减压条件下加热蒸馏,将其"切割"成不同沸点范围的馏分;获得直馏汽油、煤油、柴油等轻质馏分和重质油馏分及渣油。常、减压蒸馏装置是石油炼制过程的龙头。

(2)原油二次加工(深加工)

原油二次加工主要包括以下工艺流程:

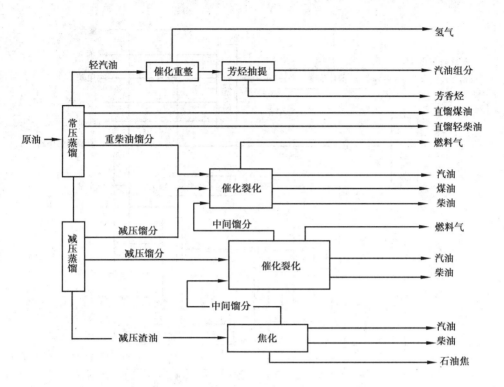

图 5.2　燃料型炼油厂常减压蒸馏-加氢裂化-催化裂化-延迟焦化加工流程

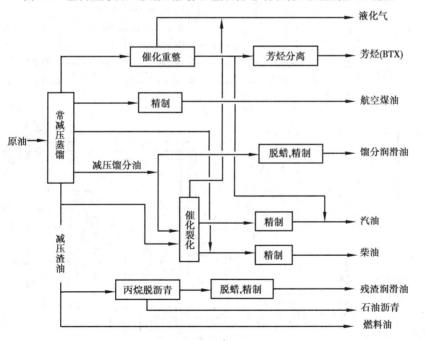

图 5.3　燃料-润滑油型炼油厂加工流程

①催化裂化——以常压重柴油、减压馏分油为主要原料(添入少量减压渣油),在 500 ℃ 温度和催化剂作用下,使重质油发生裂化反应,转化成催化汽油、催化柴油等轻质油和以碳 三、碳四为主的炼厂气。

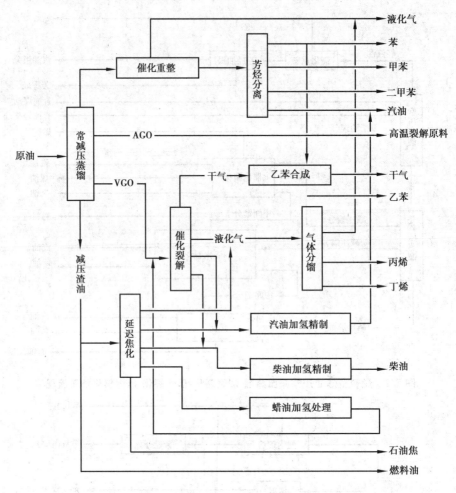

图 5.4 燃料-化工型炼油厂加工流程

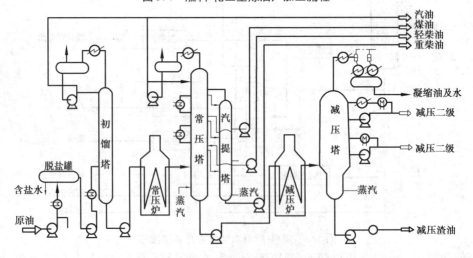

图 5.5 三段汽化的常减压蒸馏工艺流程

催化裂化是我国石油炼制二次加工的首要技术,在炼油工业生产经营上起着极为关键的作用。其加工能力约占原油加工总能力的三分之一。我国催化裂化装置的原料油处理能力一般为 100 万 ~ 200 万吨/年,最大的可达 300 万吨/年。

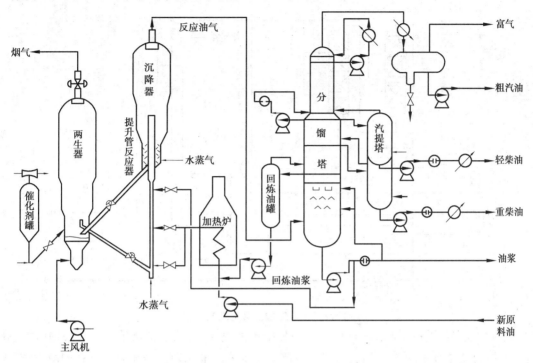

图 5.6　催化裂化反应-再生系统工艺流程

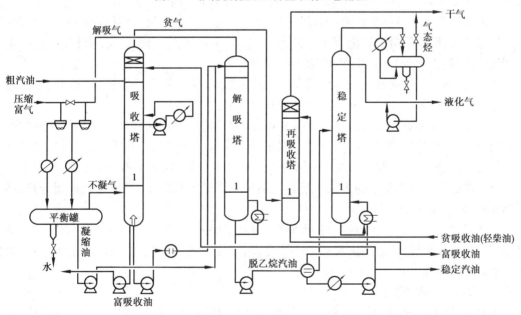

图 5.7　催化裂化吸收-稳定系统工艺流程

②加氢裂化——我国炼油厂的二次加工大都优先采用催化裂化工艺,只有当裂化原料不适合催化裂化加工,例如馏分油过重或含重金属、含硫量较高时,才采用加氢裂化工艺。加氢裂化是在 380 ~ 400 ℃温度和 16 ~ 18 MPa 压力下进行加氢精制和加氢裂化,转化成汽油、煤油、柴油、炼厂气和加氢裂化尾油。我国加氢裂化装置的原料油处理能力一般为 80 万 ~ 100

万吨/年,最大的可达 140 万吨/年。

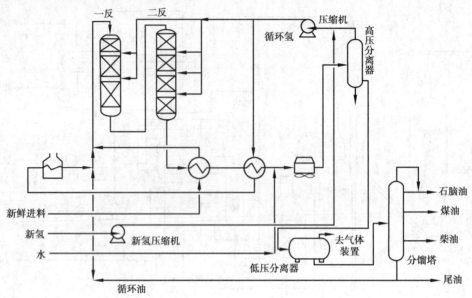

图 5.8　串联法加氢裂化工艺流程

重质油的轻质化一是指碳氢化合物的分子量由大变小,二是指氢碳比有所增加(碳氢化合物裂解时要增加氢原子),这就需要减少碳或增加氢。催化裂化是在裂化过程中减少碳,而加氢裂化则是在裂化过程中加入氢。二者异曲同工,采用不同的工艺方法达到同一目的。

③催化裂解——燃料型炼油厂采用催化裂化工艺,而燃料-化工型炼油厂则采用催化裂解工艺,其反应温度略高于催化裂化,大体上在 520～600 ℃范围内,产品和催化裂化基本相同,但产气率高达 45%,可以提供更多的化工原料。

④催化重整、芳烃抽提——以常压直馏汽油为原料,通过催化重整提高汽油的辛烷值并副产氢气,再通过芳烃抽提出重整汽油中的苯、甲苯、二甲苯。

所谓重整,就是对分子结构进行重新整理,因为异构烷烃比同样碳原子数的正构烷烃的辛烷值高很多,而芳香烃的辛烷值更高。催化重整就是在催化剂存在下,将正构烷烃和环烷烃进行芳构化、异构化和脱氢反应,转化为芳香烃和异构烷烃,得到高辛烷值汽油并副产氢气。芳烃抽提是用溶剂萃取的方法将重整汽油中的芳烃提取出来,然后通过精馏分离成苯、甲苯和对、邻、间二甲苯。

⑤延迟焦化——以减压渣油为主要原料,在高温(500～550 ℃)下进行热裂化反应,其特点是在加热炉中加热,延迟到焦炭塔里去焦化,所以称为延迟焦化,主要产品是焦化汽油、焦化柴油和石油焦。

(3)石油产品精制

①加氢精制——在氢气存在和一定温度压力下(340～360 ℃,8 MPa),脱除油品中的硫、氮、氧和重金属杂质,并使烯烃饱和。石油产品需要加氢精制的主要是催化汽油、柴油和焦化汽油、柴油,以及含硫原油的直馏汽、煤、柴油。

②制氢——催化重整副产的氢气往往不能满足加氢精制和加氢裂化对氢气的需求,所以多数炼油厂设有制氢装置,采用以轻烃为原料的蒸汽转化法制取氢气,和以天然气为原料的合成氨装置合成气生产工艺基本相同,只是规模较小。其工艺流程分为 5 个步骤:原料脱硫、

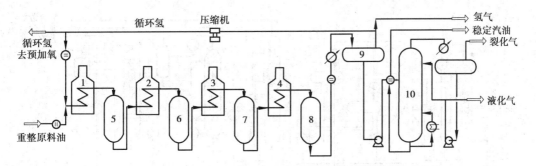

图 5.9　固定床半再生催化重整工艺流程

1,2,3,4—加热炉;5,6,7,8—重整反应器;9—油气分离器;10—稳定塔（脱戊烷塔）

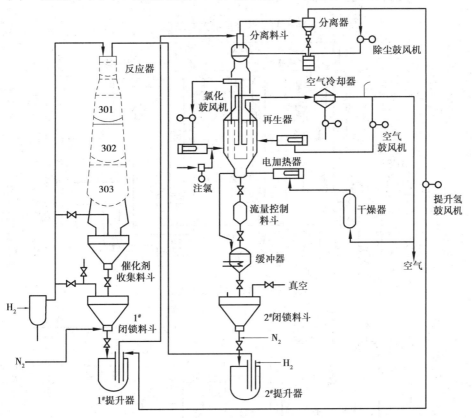

图 5.10　UOP 移动床连续催化重整工艺流程

蒸汽转化、一氧化碳变换、脱除二氧化碳、甲烷化。

③脱硫和硫黄回收——炼油厂加氢装置循环氢气脱硫以及含硫污水汽提脱硫等所产生的含有硫气体,通常称为酸性气。利用克劳斯硫黄回收工艺将其中绝大部分硫化氢转化为硫黄,然后再采用尾气处理工艺,例如斯科特(SCOT)工艺对尾气中的硫化物加以处理,以达到排放标准。

(4)炼厂气加工

①气体分馏——对以碳三、碳四为主的液化石油气进行精馏分离。一般采用 5 塔流程。液化石油气来自重油催化裂化、催化重整、延迟焦化和加氢裂化装置,经过脱硫以后送入气体

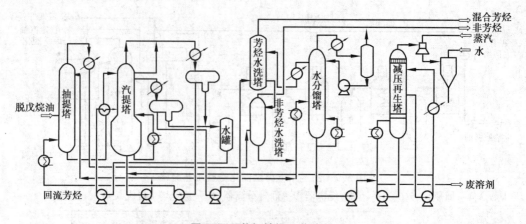

图 5.11　芳烃抽提工艺流程

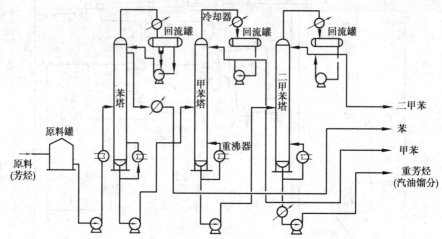

图 5.12　芳烃精馏工艺流程

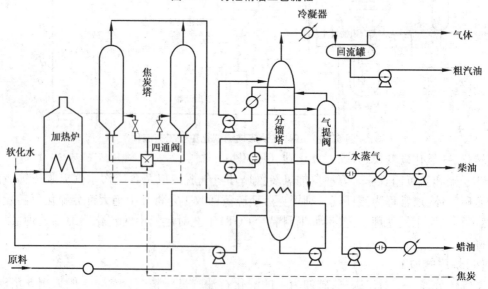

图 5.13　延迟焦化工艺流程

分馏装置中。将其中的丙烯和碳四馏分分离,精丙烯送聚丙烯装置聚合,碳四馏分送 MTBE 和烷基化装置。

②甲基叔丁基醚(MTBE)——高辛烷值汽油调和组分,原料是气体分馏装置产出的异丁烯和外购的甲醇,反应原理是在催化剂(强酸性阳离子交换树脂)作用下,进行合成醚化反应。

③烷基化——高辛烷值汽油调和组分,其组成主要是异辛烷,原料是气体分馏装置产出的异丁烷和各种丁烯组分,反应原理是在酸性催化剂(硫酸、氢氟酸)作用下,进行加成反应。

5.2　炼油装置使用的在线分析仪器及其作用

炼油装置使用的在线分析仪器类型较多,数量也较大,大体上可以分为如下几类。

5.2.1　气体分析仪器

(1)工业气相色谱仪

工业气相色谱仪主要用在炼厂气加工装置(气体分馏、烷基化、MTBE、异构化等)和催化重整装置,进行多组分在线分析。当炼油厂设有聚丙烯装置和芳烃抽提装置时,其使用的气相色谱仪数量也较多。

各厂使用的气相色谱仪数量不等,兰州炼油厂目前使用的工业色谱仪共 22 台(据 2006 年统计)。具体分布如下:

气体分馏装置　14 台

催化重整装置　1 台

烷基化装置　4 台

MTBE 装置　1 台

其他装置　2 台

(2)红外分析仪

红外分析仪用于催化裂化装置(测量再生烟气中的 CO、CO_2 含量)、制氢装置(测量合成气中的 CH_4、CO、CO_2 含量)。

(3)氧分析仪

每台加热炉配置一台氧化锆氧分析仪,对烟道气中的氧含量进行监测,以提高燃烧效率并降低大气污染。

催化裂化装置配置 1 台磁氧分析仪,测量再生烟气中的 O_2 含量。

催化重整装置和 S-Zorb 装置均安装了再生烟气氧含量分析仪。

(4)热导分析仪

热导分析仪主要用于各种加氢装置,分析油气中的 H_2 含量,控制加氢过程。

(5)紫外分析仪

紫外分析仪用于脱硫和硫黄回收装置,测量 H_2S、SO_2 含量和 H_2S/SO_2 比值。

(6)微量水分仪

微量水分仪使用数量较多,例如用于测量气体分馏装置丙烯产品中的微量水分、测量催化重整装置循环氢气中的微量水分,测量甲烷化装置碳四中的微量水分等。

5.2.2 工业色谱仪在炼厂气加工中的应用

液化石油气综合利用装置包括气体分馏、甲基叔丁基醚和烷基化等装置。

(1)气体分馏

气体分馏是对以碳三、碳四为主的液化石油气进行精馏分离。一般多采用 5 塔流程:液化石油气先进入脱丙烷塔;脱丙烷塔顶分出的 C_2、C_3 进入脱乙烷塔,塔顶分出乙烷,塔底物料进入脱丙烯塔;脱丙烯塔顶分出丙烯,塔底为丙烷馏分;脱丙烷塔底物料进入脱轻 C_4 塔,塔顶分出轻 C_4 馏分(主要是异丁烷、异丁烯、1-丁烯),塔底物料进入脱戊烷塔,塔底分出戊烷,塔顶则为重 C_4 馏分(主要是 2-丁烯、正丁烷)。

上述 5 个塔底均有重沸器供给热量,操作温度一般为 55 ~ 110 ℃,操作压力前三个塔为 2 MPa 以上,后两个塔为 0.5 ~ 0.7 MPa。

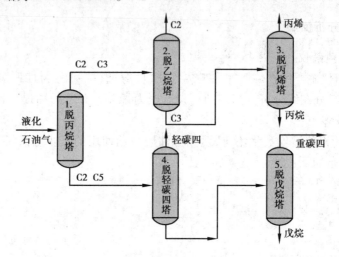

图 5.14 气体分馏五塔工艺流程

在气体分馏装置的丙烯精馏塔(即脱丙烷塔)中,其顶部出口的精丙烯纯度必须在 99.54% 以上(其余为乙烷和丙烷杂质),否则达不到聚丙烯聚合的要求。因此要对它进行连续分析和监控,并以调整精馏塔的回流量来控制丙烯的纯度。

脱异丁烷塔(即脱轻碳四塔)的顶部出口是碳四馏分(含有极少量的碳五),送 MTBE 或烷基化装置。它们的组成对后续装置的工况有很大的影响。工艺上要求对碳四馏分进行全分析,并以此控制回流量来调整它的组成。这比借助其他参数来调整塔的操作要及时和有效。

(2)甲基叔丁基醚(MTBE)

在 MTBE 装置中,碳四馏分中的异丁烯与罐区来的甲醇以离子交换树脂为催化剂进行醚化反应,生成 MEBE。在保持一定的异丁烯转化率的条件下,参加反应的甲醇流量就由异丁烯的含量来决定。因此就要连续检测 C_4 进料中的异丁烯含量,并构成醇/烯比调节系统。

(3)烷基化

在烷基化装置中,碳四馏分在催化剂(氢氟酸)存在的条件下,其中的异丁烷与烯烃起加成反应生成烷基化油(它是很好的汽油调和剂)。

烷/烯比是决定异丁烷转化率的重要变量,对烷基化原料进行全组分分析就是为了获得烷/烯比,并以此调整上游装置或补充异丁烷。

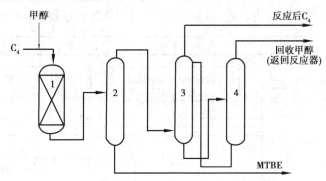

图 5.15　甲基叔丁基醚(MTBE)工艺流程
1—反应器;2—共沸分馏塔;3—甲醇水萃取塔;4—甲醇回收塔

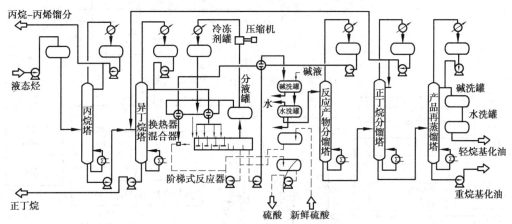

图 5.16　硫酸法烷基化工艺流程

5.2.3　油品质量分析仪器

(1)油品质量分析仪器的主要类型

油品质量分析仪器的类型较多,大体上可分为如下几类:

①油品加热蒸发性能分析仪,如馏程、初馏点、干点、蒸汽压分析仪等。

②油品低温流动性能分析仪,如倾点、凝点、冰点、浊点、冷滤点分析仪等。

③油品燃烧性能分析仪,如汽油辛烷值、柴油十六烷值分析仪等。

④油品安全性能分析仪,主要指闪点分析仪。

⑤油品其他物理性能分析仪,如密度、黏度、色度、酸值(度)分析仪等。

(2)油品质量分析仪器在炼油装置中的配置

略。

(3)油品质量分析仪器主要产品

①常规经典方法的在线油品质量分析仪器。

这种仪器是将实验室仪器在线化或模拟手工化验分析方法而研制出来的在线油品质量分析仪器。其优点是:分析方法与国家或国际规定的人工化验分析标准相接近,分析数据与人工化验分析数据吻合程度高。不足之处是:集成度不高,多数是一台仪器只能分析一种油品性能指标。目前,国外和国内普遍使用的油品质量在线分析仪器,以此类仪器为主。

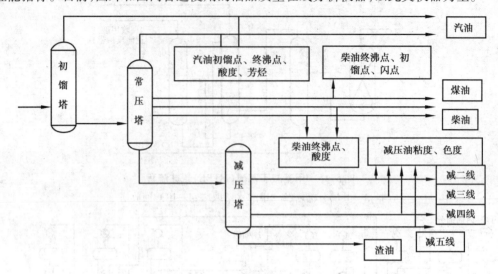

图 5.17　常减压装置在线分析仪器配置图

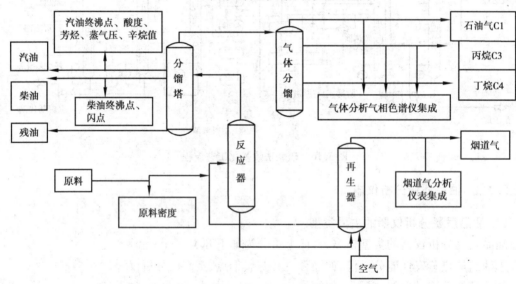

图 5.18　催化裂化装置在线分析仪器配置图

国外厂商:德国本克公司,加拿大 PHASE 公司,美国精密仪器公司,日本 DKK 以及欧洲的几家公司。目前国内炼油厂有少量使用。价格昂贵、售后服务和配件供应不及时,一旦出现问题,需停运 20 ~ 45 天方能得到修复。

国内厂商:武汉通力分析自控技术有限公司、荆州分析仪器厂、兰州奥博石化分析仪器有限公司等,其技术性能逐年提高,部分产品的技术性能已经达到甚至超过同类进口分析仪,而价格远低于国外产品,售后服务及时,一般为 2 ~ 3 天即使问题得以解决。预计今后若干年甚至更长的时期内,油品在线分析的主流将以国产仪器为主。

②采用核磁共振技术的在线油品分析仪器。

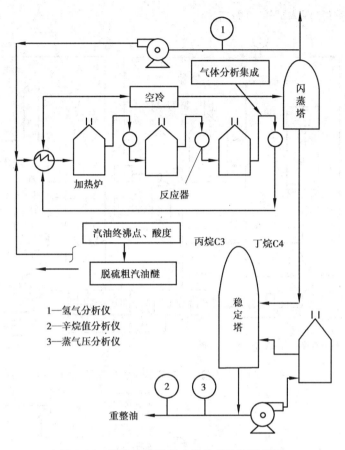

图 5.19　催化重整装置在线分析仪器配置图

　　其特点是：一台分析仪可同时把原油、汽、煤、柴等油样同时引至分析仪进行分析，且能够同时输出：馏分的 10%、90%；凝固点、闪点、蒸汽压、残碳、辛烷值、色度、比重、密度等十几个分析数据，反映了当今在线分析仪技术的最新水平。

　　该种分析仪目前在新疆独山子石化炼厂应用了近六年。据了解，该分析仪尽管技术先进，分析集成度高，但在应用过程中表现出如下不足：a. 投用初期的建模时间长（人工化验要与之配合至少一年）；b. 对原油的性质及工艺参数的变化比较敏感，其算法模型要随其变化进行经常性的修改；c. 价格昂贵；d. 据了解，目前所测量的各种数据未完全取代人工化验。

　　③采用近红外技术的在线油品分析仪器。

　　近红外光谱仪目前主要用于管道自动调和系统在线测量辛烷值或十六烷值，也可附带测量其他质量参数。与核磁共振技术类似，近红外分析仪存在投用初期的建模工作量大，对原油的性质及工艺参数的变化比较敏感，其算法模型要随其变化进行经常性的修改等，价格昂贵。因此，目前在装置馏出口上使用得不多。

　　④采用软测量技术实现的油品质量分析软仪表。

　　炼油装置或分馏塔的常规参量，如温度、压力、回流量等，与某些油品质量参量存在一定的相关关系，通过特定的数学模型，在 DCS 计算机上实时计算出其质量值，如干点、凝固点等。目前，国内已有多个炼厂在使用。据了解，所计算出来的质量参数在工艺参数较为平稳时对工艺和 APC 先进控制有一定参考作用，但是，在工艺参数波动较大时所计算质量参数的误差较大,此项技术还有待深入研究和提高。

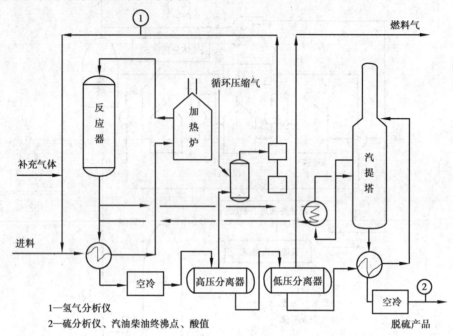

1—氢气分析仪
2—硫分析仪、汽油柴油终沸点、酸值

图 5.20　加氢精制装置在线分析仪器配置图

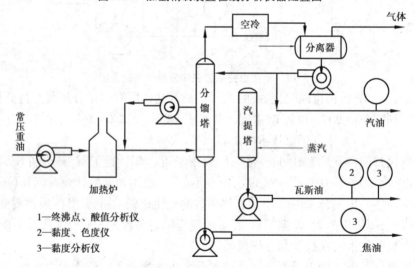

1—终沸点、酸值分析仪
2—黏度、色度仪
3—黏度分析仪

图 5.21　减黏裂化装置在线分析仪器配置图

5.2.4　在线油品质量仪表在先进控制系统中的应用

先进过程控制 APC 是对那些不同于常规单回路控制,并具有比常规 PID 控制更好效果的控制策略的统称,先进控制的任务是用来解决那些采用常规控制效果不好,甚至无法控制的复杂工业过程的问题。一个先进控制项目的年经济效益在百万元以上,其投资回收期一般在一年以内,其丰厚的回报引人注目。

发达国家经验表明:花了 70% 的钱购置 DCS,换来的是 15% 的经济效益;再增加 30% 的投资实现先进控制和过程优化将可以提高产品档次和质量,降低能源和原材料消耗,从而增加 85% 的经济效益。所以有人说:先进控制与优化是不用投资的技术改造。

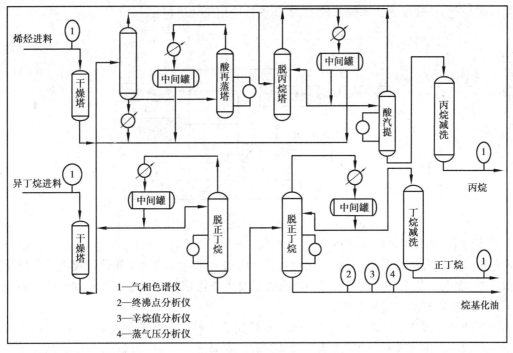

图 5.22　烷基化装置在线分析仪器配置图

目前世界上先进的炼化企业多数生产装置都采用了 APC 技术,其中美国和欧美发达国家的普及率已达 90% 以上,美国炼油厂 90% 的催化裂化、常减压蒸馏、焦化等主要装置已经实施了先进控制技术。

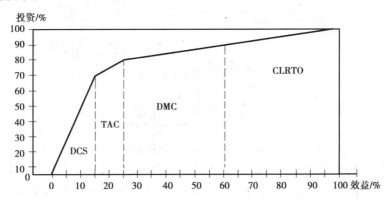

图 5.23　先进与优化控制效益图

目前,石化行业使用的先进控制技术主要由两大部分组成,一部分是多变量预估控制技术,另一部分是软仪表计算。软仪表主要是对产品质量等不可测量参数的进行预测计算,这些参数将直接作为 CV 参加整体控制,是工艺计算中最重要的内容,例如炼油过程产品的馏程、倾点、饱和蒸气压及生焦量等,石油化工过程中的产品组成、纯度、含量及转化率等。所以软测量是先进控制技术的重要组成部分,其中计算技术主要以工艺的物料平衡、能量平衡或神经网络技术等为基础。

这类计算结果对大多数生产基本稳定的工况具有较好的使用价值,因此,一般利用化验室分析结果对计算结果进行在线校正。但是,当工艺生产波动较大时的动态过程和油品性质发生较大变化时,软仪表计算偏差较大,不能直接应用于先进控制。

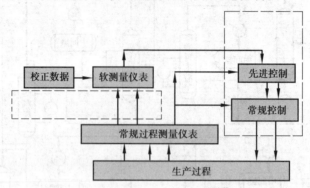

图5.24 先进控制系统软仪表校正结构图

在实际应用中,用化验室分析结果对软仪表进行在线校正一般8～12 h输入一个化验值,但操作员经常没有按要求输入,加上化验人员分析和采样时间的偏差导致软仪表计算效果不是很理想,加上工艺生产波动较大时和油品性质发生变化较大时化验值对软仪表进行在线校正不能跟踪实际产品质量的变化。

由于油品在线质量仪表具有连续分析、不受油品性质变化影响的特点,所以采用在线质量仪表对软仪表进行实时校正,才能及时地跟踪产品质量的变化,在炼油企业油品性质变化很大的情况下尤为显得重要。

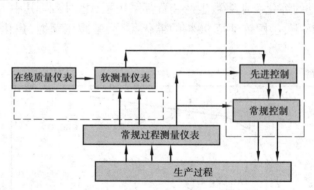

图5.25 先进控制系统采用在线质量仪表校正软仪表结构图

图5.25中的在线质量仪表作为软仪表的校正部分可以做到连续输入校正数据,克服了以前软仪表采用化验数据校正的不及时性和偏差带来的影响软仪表精度的问题。

目前,中石化长岭分公司已投用了15套先进控制器(见表5.1),全年投用率在95%以上,这些先进控制项目通过了长岭分公司及总部的验收,先进控制应用取得了上千万元的经济效益。

先进控制(APC)作为企业挖潜增效的重要手段越来越受到石化企业的重视,在线质量仪表可以作为APC系统软仪表的校正信号,提高了软仪表准确率,提高了APC的控制精度和控制效果,在先进控制应用中起到重要的作用。

2011年10月至2012年5月期间,武汉石化焦化装置以在线油品分析仪所提供的柴油

95%点数据为依据,按照国家标准对柴油95%点不高于365 ℃的上限进行卡边操作。柴油95%点由投用前平均357 ℃提高到投用后363 ℃,平均提高了6 ℃。

表5.1　先进控制系统中作为软仪表校正部分在线质量仪表

装置名	质量仪表	分析产品	分析值	生产厂家
1#常减压	倾点分析仪	常二线柴油	倾点	武汉通力
1#常减压	倾点分析仪	常三线柴油	倾点	武汉通力
1#常减压	倾点分析仪	减一线柴油	倾点	武汉通力
1#催化裂化	馏程分析仪	轻柴油	馏程	武汉通力
1#催化裂化	倾点分析仪	轻柴油	倾点	武汉通力
1#催化裂化	蒸气分析仪	稳定汽油	蒸气压	武汉通力
延迟焦化	密度分析仪	焦化进料	密度	英国输力强
延迟焦化	馏程分析仪	柴油	馏程	武汉通力
延迟焦化	馏程分析仪	柴油	馏程	德国本克
聚丙烯装置	色谱仪	丙烯氢含量	氢含量	德国西门子
聚丙烯装置	融溶指数分析仪	聚丙烯	融溶指数	德国
重整装置	近红外分析仪	重整反应原料	烷烃、环烷、烃芳烃	德国布鲁克
重整装置	近红外分析仪	重整生成油	苯、甲苯,二甲苯、总芳、RON(研究法辛烷值)	德国布鲁克

按每提高1 ℃即产生人民币近680万元计算,柴油95%点提高6 ℃,每年将增加4000万元的经济效益。

5.2.5　环保监测仪器

石油炼制工业原油加工量的不断增加和原油品质的劣质化,导致污染物排放量居高不下,区域性大气、水污染问题日趋明显。

根据国家环保要求,中国石油化工集团公司和中国石油天然气集团公司正在联合起草、编制国家标准《石油炼制工业污染物排放标准》(GB 31570 – 2015)。该标准规定了石油炼制工业企业生产过程中水和大气污染物排放限值、监测和监控要求。

(1)炼油企业的废气污染源

炼油企业有组织排放源有4类:①催化裂化催化剂再生烟气;②酸性气回收装置尾气;③有机废气收集处理装置排气;④工艺加热炉烟气。

①催化裂化催化剂再生烟气。

炼油装置中催化裂化是 SO_2 排放大户,主要污染物为 SO_2、NO_x、颗粒物、镍及其化合物、非甲烷总烃、CO。

某石化厂重催烟气脱硫装置采用湿法脱硫工艺,由烟气洗涤吸收和废水处理两部分组成，采用 NaOH 与烟气中的 SO_2 反应生成亚硫酸钠和硫酸钠。脱硫后的烟气经 CEMS 检测后排放。

表 5.2　烟气脱硫装置在线分析仪配置清单

序号	仪表名称与位号	监测点及监测参数	在线监测的意义
1	CEMS 系统 AI7106	净烟气 气态污染物及烟气参数	评估脱硫效果，符合政府环保排放要求
2	CEMS 系统 AIA7101	原烟气 气态污染物及烟气参数	监测烟气脱硫前数据，为装置操作提供参考
3	pH 测量系统 AI7108A/B	吸收模块循环浆液 pH 值	监测浆液 pH 值，评估其对二氧化硫的吸收能力
4	pH 测量系统 AI7109A/B	滤清模块循环浆液 pH 值	监测浆液 pH 值，评估其对二氧化硫的吸收能力
5	pH 测量系统 AI7201A/B/C	氧化罐排出液 pH 值	监测排液 pH 值，确保满足排放要求
6	COD 分析仪 COD7101	外排废水 COD 值	监测废水 COD 值，确保满足排放要求

②酸性气回收装置尾气。

酸性气回收装置是以石油炼制企业溶剂再生、酸性水汽提过程产生的富含硫化氢气体为原料生产硫黄的装置。生产单元包括：硫黄回收装置和尾气净化、焚烧单元。该装置的在线分析仪器配置和应用技术见 5.4 节脱硫和硫黄回收工艺在线分析技术 。

③有机废气收集处理装置排气。

石油炼制企业含烃废气包括两大类：生产装置受控排放气和非受控排放气。

受控排放气：装置正常生产需要排放的气体，一般送气柜回收系统回收，不能及时回收的这部分气体送火炬焚烧系统焚烧后排入大气；

非受控排放气：废水集输系统呼吸、污水处理各单元呼吸和空气吹脱作用、油品储罐呼吸、油品装车、装船排入低空的气体。

有机废气收集处理装置排气是指非受控排放气的收集处理装置排气。主要污染物为：SO_2、NO_x、CO、颗粒物、非甲烷总烃、沥青烟、苯、甲苯、二甲苯、酚类、氯化氢。

有机废气收集处理装置排气中的污染物主要是指挥发性有机化合物（VOCS）。VOCS 排放监测目前采用实验室色谱仪，在线监测目前尚未推开。

在线 VOCS 监测仪主要有以下几种类型：

a. 在线气相色谱仪（采用氢火焰离子化检测器 FID、光离子化监测器 PID）；

b. 在线质谱仪（PMS）；

c. 离子迁移谱仪（IMS）；

d. 傅里叶变换红外光谱仪（FTIR）。

④工艺加热炉烟气。

石油炼制企业工艺加热炉主要用于生产过程对物料(原油、馏分油)的加热,所用燃料有:炼厂气、燃料油、燃料油和燃料气混烧。

目前各企业均采用炼厂气二乙醇胺脱硫工艺控制炼厂气中的硫化氢含量,该技术可以把炼厂气中硫化氢控制在 20 ppm 以内;如需监测炼厂气脱硫后的硫化氢含量,可采用在线醋酸铅纸带法或紫外吸收法硫化氢分析仪。

部分企业由于干气不能满足燃料需要量,部分使用企业自产的燃料油,这些燃料油多数以常压渣油、催化油浆、蜡油配制,硫含量一般控制在 0.7% 以下。加热炉烟气直接排入大气,主要污染物有:SO_2、NO_x、CO、颗粒物。其排放烟气如需监测,可采用 CEMS 系统。

(2) 炼油企业的废水污染源

炼油企业生产过程中产生的废水分为:含硫污水;含油污水;含盐污水;生产废水。

目前需要进行废水排放连续监测的项目:

a. 国控重点污染源排放口;

b. 地区公司重点污染源排放口;

c. 连续排放量≥2000t/d 的废水外排口(含清净下水);

d. 污水处理设施的进口和出口。

表 5.3　石化装置污水监测所需水质分析仪表和流量计产品

序号	需要的水质分析仪表和流量计产品
1	COD 分析仪
2	氨氮分析仪
3	水中油分析仪
4	pH 计
5	总硫(硫化物)分析仪
6	丙烯腈(总氮)分析仪
7	超声波明渠流量计

5.3　催化裂化再生烟气取样和样品处理系统

5.3.1　再生烟气分析的意义和难点

催化裂化是炼油厂提高原油加工深度、生产高辛烷值汽油、柴油和液化气的一种重质油、轻质化工艺过程,由反应 - 再生、分馏、吸收稳定 3 部分组成。在重油催化裂化装置中,原料油在高温及催化剂环境下发生裂解反应,反应后的油气与催化剂经三级旋风分离器迅速分离,油气送分馏塔进行分馏。参与反应后,表面积炭的催化剂被送到再生器进行烧焦再生,再生后的催化剂可循环使用。

催化裂化装置处理量大、产值高、利润大,其不足之处是需要对催化剂不断再生和防止催化剂二次燃烧所带来的危害。因此,在催化裂化反应中,必须了解和掌握催化剂的循环量和再生系统的反应状况。然而,催化剂的循环量是用仪表无法检测的,只有通过对再生器中反应组分 O_2、CO、CO_2 的测量来判断和衡量催化剂的再生程度,控制最佳的剂油比、汽剂比来保持反应系统的三大平衡。国内外的经验证明,对催化裂化装置采用高级或优化控制可产生巨大的经济效益,而对催化剂再生情况的在线观测是实现优化控制的先决条件之一。

重催装置反应-再生系统工艺流程示意图见图 5.26。

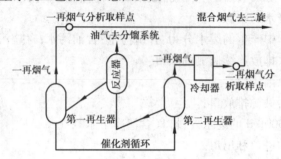

图 5.26　重催装置反应-再生系统工艺流程示意图

如图 5.26 所示,重催装置的反应再生系统由反应器、第一再生器、第二再生器组成。反应器出来的催化剂经第一再生器再生后,进入第二再生器进行完全再生,然后与重油一起进入反应器。所谓再生,就是空气与催化剂表面的焦炭发生燃烧反应,除掉催化剂表面焦炭,使催化剂活性得以恢复的过程。因重油催化装置催化剂表面焦炭多,必须经两级再生才能使催化剂表面焦炭燃烧干净。二再的烟气冷却后与一再的烟气混合进入三旋和烟机。

两个再生烟气分析取样点的样品组成和工艺条件见表 5.4。

表 5.4　再生烟气取样点的样品组成和工艺条件

组成	一再取样点	二再取样点
CO	5%	50 ppm
CO_2	12%	15%
O_2	<0.5%	2% ~5%
SO_2	<400 ppm	250 ppm
NO	<10 ppm	<10 ppm
N_2	60%	70%
H_2O	<15%	<15%
粉尘含量	500 mg/m³	1150 mg/m³
压力/ MPa	0.2	0.2
温度/ ℃	650 ~700	350 ~400

测量一再和二再的烟气重点是不一样的。第一再生器的反应是欠氧反应,要求测量 CO 和 CO_2;第二再生器内的再生反应为富氧反应,要求测量 O_2 和 CO_2。测量一再 CO 与两个再生器 CO_2 的目的有两个:一是在操作中均衡分配一再与二再的烧焦负荷;二是推算出催化剂表面的焦炭含量,达到优化操作的目的。测量二再的氧气,是为了将过量的氧含量控制在一定的范围内。若氧含量太少,则催化剂表面的焦炭没有完全燃烧,活性没有恢复;若氧含量太多,不仅造成浪费,还会引起两个再生器的烟气混合后形成燃烧的条件,发生二次燃烧,损坏设备,造成重大的事故。

再生烟气在线分析中,用红外分析仪测量 CO 和 CO_2,用磁氧分析仪测量 O_2。目前国内大多数炼厂再生烟气取样系统应用不太好的主要原因是样品本身的复杂性:烟气温度高达 700 ℃,烟气中含大量细小的催化剂粉尘、水和酸性气体(SO_2、CO_2 等),使样品输送和处理相当困难。粉尘和水易板结,会堵塞样品输送管;酸性气体与水混合后会对样品输送系统造成腐蚀;样品的高温也加剧了样品输送管的腐蚀和磨损。

为了解决催化装置再生烟气取样难题,国内外作了多年的研究试验,目前已取得突破。如美国 Fluid Data 公司的 Py-Gas 5521 型取样器,已在国内部分催化裂化装置中得到应用,国内天华院苏州所的 YQXL-FCCU 型取样器也已在洛阳石化成功应用,并通过中国石化集团公司的技术鉴定。

这些取样器的基本设计思路是"回流取样",即采用冷却的办法把再生烟气中的水分冷凝下来,冷凝液在流回工艺管道时回洗样品中的颗粒物和其他杂质,从而实现系统的自清洗并使气样得到净化。由于催化再生烟气中含水量不多,不足以形成足够的反冲洗能力,使用时需向取样器中注入少量的低压蒸汽。

5.3.2　再生烟气在线分析的取样和样品处理

(1) Py-Gas 5521 型取样器

Py-Gas 5521 型取样器是美国 Fluid Data 公司专为催化再生烟气取样而设计的取样装置,图 5.27 是其系统组成图。

Py-Gas 5521 型取样器要求垂直安装在工艺管道上。从下到上由以下几部分组成:

①根部取样阀:通常使用 DN50 的高温不锈钢闸阀或球阀。用于对取样器维护时,切断工艺样品。

②过滤逆流段:这一段填充了金属过滤网,上部的滤网目数比下面的目数大。作用就是分级过滤样气中含有的固体颗粒杂质。这一段还有一个蒸汽注入口,使用中要接入低压蒸汽,以增加样气中的含水量。一个温度计用于指示样气此时的温度,给系统调试提供参考。

③冷却脱水段:这一段与工艺装置的换热器一样,热的样品从下向上从管内通过,冷的空气从上向下从管间通过。冷却过程中,样气中的水逐步冷却向过滤段回流。样气出冷却器前,低温下的饱和水已经冷凝析出;样气出冷却器后,温度会提高到环境温度(或样品输送管线保温温度),不会有水析出。

④温度控制系统:包括温包 – 毛细管测温元件、气动的温度控制器、空气涡旋管制冷部件和样气超温切断阀等。作用是通过控制制冷空气的流量来控制冷却段顶部温度,通常使这个温度低于环境温度(或样品输送管保温温度)5 ℃以上。当样气温度超过设定点 10 ℃时,超温切断阀动作关断样品出口,避免样品带水进入后续的样品输送和测量部件。

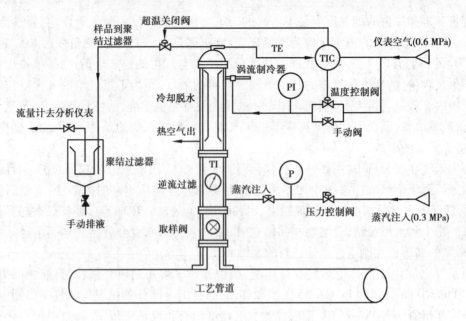

图 5.27 Py-Gas 5521 型取样器系统组成示意图

⑤样品的监视与流量调节元件:便于维护人员观察出口样气的流量和被处理的情况。

工艺样品在取样器中的处理过程是:工艺样品进入取样器后,因速度变慢,大量的固体杂质并不进入取样器而直接回到工艺管道。样品慢速向上流动,首先经过逆流过滤部分,在这里剩下的固体粉尘等颗粒物都被过滤下来。样品与蒸汽混合后上升到冷凝段。在冷凝段,通过控制冷却空气量在柱中形成受控制的温度梯度。样气中的水逐步冷凝,向下流动并聚集在逆流过滤段。当液态水足够多时就会继续向下流并把过滤段的粉尘冲回工艺管道。样气到达取样器的顶部时,已经是干净的、含极少量水的样品。样品出取样器后温度升高到环境温度,不会再有水析出,经流量调节输送到在线仪表样品预处理系统。取样器出口有样气超温切断阀,保证没有处理干净的样品不进入后续的管道与部件。

Py-Gas 5521 型取样器于 2002 年底开始在南方某炼厂重催装置使用,到 2005 年一直使用正常,没有发生样品系统腐蚀与堵塞的现象,维护工作量较以前大为减少。

(2) YQXL-FCCU 型旋冷仪

图 5.28 是天华院苏州自动化研究所研制的催化裂化再生烟气取样和样品处理系统流路图。

系统构成和各部分的作用如下:

①再生烟气取样器:天华院研制的 YQXL-FCCU 型旋冷仪,其结构、原理与 Py-Gas 5521 型取样器基本相同。

②样品流量控制单元:采用聚结过滤器对水分和粉尘进行第二级滤除并对取样流量进行控制。样品的流量控制是关键环节,一般控制在 1 000 mL/min 之内,最大不能超过 1 500 mL/min。流量过大会使取样器失去斯托克斯定律管的沉降作用,粉尘将随样气一起被取出。

③蒸汽轻伴热样品传输管线:将样品由前级处理系统传送至现场分析小屋的预处理系统。

④膜式过滤和样品分配单元:采用膜式过滤器对水分和粉尘进行第三级滤除并进行样品

分配和流量控制,供红外和氧分析仪使用。

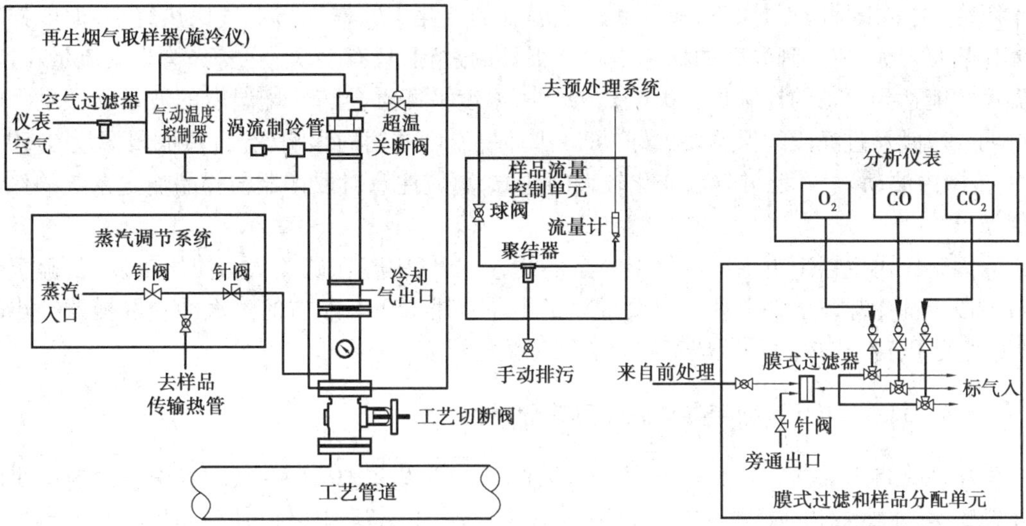

图 5.28　催化裂化再生烟气取样和样品处理系统图

适用的样品条件:温度 200 ~ 780 ℃;压力 0.1 ~ 0.2 MPa;粉尘含量 500 ~ 1 500 mg/m³;含水量 5% ~ 25% V;SO_2 含量 < 500 ppmV。

主要技术指标:旋冷仪出口温度 10 ~ 30 ℃;传输管线伴热温度 ≥ 40 ℃;样品压力 0.02 MPa;样品流量 1 000 mL/min;无粉尘含量;含水量 ≤ 2 000 ppmV。

仪表空气压力:0.45 ~ 0.6 MPa。

蒸汽压力:0.3 MPa。

5.3.3　Py-Gas 型取样器的使用和维护

①出口样气流量最大应控制在 1 500 mL/min 之内。此时,在直径为 50 mm 的取样器内,样气的流速仅为 1.3 cm/s,而催化再生烟气在烟道的流速至少为 2 m/s。根据斯托克斯定律,当含有悬浮颗粒物的流体移动速度变慢时,重力将使粒子加速向下掉而不再悬浮。也就是说,样气中绝大多数的粉尘颗粒物不再进入取样器,从而减小了样气中粉尘处理的难度。实际应用 2 年后在过滤段基本没有发现粉尘沉积。

②使用时注入少量蒸汽。蒸汽的第一个作用是给样气加热保温,因为样气流量较小,高温的样气很快就会被降温。如果温度下降过快,样品中的水过早析出,将不利于过滤段的回流自清洗。蒸汽的第二个作用是向样气中注水,增加系统的自清洗能力,因为催化再生烟气中含水量不多,不足以对逆流段形成足够的反冲洗能力。蒸汽的第三个作用是洗涤一部分样气中的 SO_2,尽量使腐蚀性气体少进入后面的样品输送与分析部件。

③Py-Gas 型取样器对制冷用的仪表空气源有一定的压力要求,以产生足够的制冷量。这样才能在冷却脱水段建立起合理的温度平衡,确保逆流过滤段得到足够的回流水冲洗,使整个系统正常工作,具有足够的制冷能力,才能保证样品在出口处达到低于环境温度的温度设定点,并能连续向在线仪表供气。

④建立系统的温度平衡较难,需要经过较长时间的摸索才能找到规律。过滤段温度受到

四个主要因素影响:样气流量、冷却空气量、蒸汽注入量和环境温度。样气流量和冷却空气量基本不变,主要干扰因素是蒸汽流量和环境温度的变化。因样气与空气比热容小,而取样器壳体比热容很大,要达到温度的稳定是一个很长的过程,只有多次、反复调整蒸汽流量,过滤段温度才能达到要求的控制点(60 ℃)。此外,温度平衡点会随环境温度的波动而波动。经验证明,冷却段、过滤段的保温要做好,可减小环境温度波动的影响(允许过滤段温度在 50 ~ 75 ℃范围内波动)。在北方气温变化较大的地方,更应注意对取样器与样品输送系统的伴热与保温。

⑤因第一再生器中再生反应是不完全燃烧,故烟气中存在硫蒸气。使用中发现,硫黄会在过滤段上部冷却段下部出现。建议每隔半年左右用 150 ℃左右的蒸汽冲洗取样器一小时(冲洗时关闭样品出口阀),让硫黄溶化流回工艺管道。

5.3.4 LGA-4100 系列半导体激光气体分析仪

催化裂化再生烟气的温度高达 650 ℃以上,压力为 0.2 ~ 0.4 Mpa,烟气中含大量细小的催化剂粉尘、水蒸气和酸性气体(SO_2、CO_2 等),容易产生堵塞和腐蚀,使样品传输和处理相当困难。从采样预处理测量方式也可以看出,该系统需要精心设计和频繁维护,因此长期运行可靠性较差。同时,采样预处理过程造成的响应时间滞后也影响了再生工艺的控制效果。

基于半导体吸收光谱(DLAS)技术的 LGA-4100 系列半导体激光气体分析仪,无需采样预处理系统,可直接安装在 FCC 烟气管道上,采用原位测量方式,具有测量准确、响应速度快、可靠性高、无尾气排放等显著优势,为再生烟气的分析提供了最佳解决方案。根据用户对再生烟气的监测需求,可选择在再生烟气管道上安装一个或多个激光气体分析探头分别对再生烟气中的一种或几种组分进行检测,如图 5.29 所示。

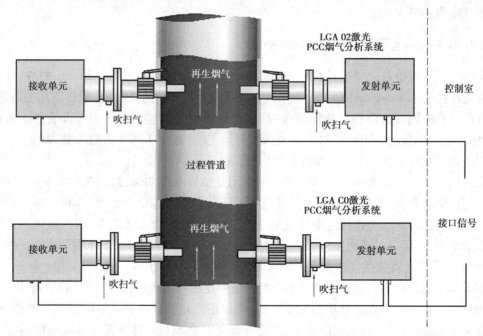

图 5.29　LGA-4100 半导体激光再生烟气分析系统

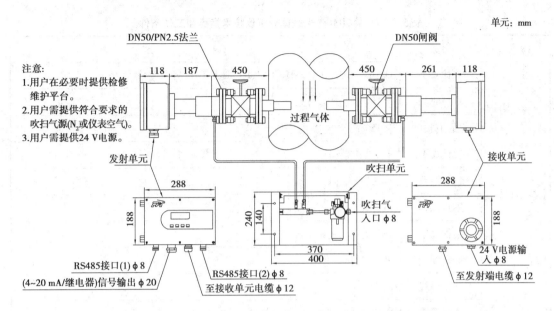

图 5.30　LGA-4100 再生烟气分析仪系统组成图

图 5.31　LGA-4100 再生烟气分析分析仪现场安装图

表 5.5　LGA-4100 激光气体分析仪技术指标和工作条件

类别	参数	指标
技术指标	气体种类	O_2、CO、CO_2、H_2O、NH_3、HCl、HF、H_2S、CH_4 等
	响应时间	<1 s
	光通道长度	<15 m
	线性误差	≤±1% 量程
	量程漂移	≤±1% 量程
	零点漂移	可忽略
	维护周期	<2 次/年,清洁光学视窗
	标定周期	<2 次/年
	防护等级	IP 65
	防爆等级	Ex pxmd Ⅱ CT 5
工作条件	电源	24V DC (18V DC ~ 36 VDC, <20W),可选 220V AC
	吹扫气体	(0.3 ~ 0.8) MPa 工业氮气、净化仪表气等
	环境温度	-30 ℃ ~ +60 ℃

第 **6** 章
合成氨、甲醇生产工艺在线分析技术

6.1 合成氨、甲醇生产工艺简介

6.1.1 概述

1998 年,世界合成氨产量为 9 880 万吨,其中我国为 3 072 万吨,居于世界第一位。当时,我国的大型氨厂(30 万吨/年)有 30 多家,中型氨厂(11 万~15 万吨/年)有近 60 家,小型氨厂(≤5 万吨/年)有 600 多家。

在 1998 年我国生产的 3 072 万吨合成氨中,以煤和焦炭为原料的有 1 964 万吨,以天然气或其他气体为原料的有 677 万吨,以重油和轻油为原料的有 345 万吨。

从 1999 年至今的十多年中,我国的合成氨工业又有了较大发展(缺乏具体统计数据),发展趋势大体如下:

①生产规模向单系列、大型化发展,新建和改、扩建的合成氨装置生产规模至少为 30 万吨/年,有的达 45 万吨/年甚至更多,小型合成氨装置逐步退出。

②生产原料向煤发展,新建装置大多数以煤为原料,少数以天然气为原料。这与石油、天然气不断涨价而我国煤资源丰富有关。

③生产工艺相对集中,以煤为原料的大型氨厂,多数采用德士古水煤浆加压气化法制气工艺,一部分采用 Shell 干煤粉加压气化法制气工艺。

近十几年来,我国的甲醇工业发展十分迅速,其发展趋势和合成氨工业相似,即:

①新建甲醇装置生产规模至少为 60 万吨/年,一般为 120 万吨/年,新建小型甲醇装置仅限于焦化厂副产焦炉煤气制甲醇的项目。

②新建甲醇装置绝大多数以煤为原料,大多采用干煤粉加压气化或水煤浆加压气化制气工艺。

目前常见的合成氨、甲醇生产工艺如图 6.1 所示,水煤浆、干煤粉加压气化制合成氨、甲醇工艺流程如图 6.2 所示。

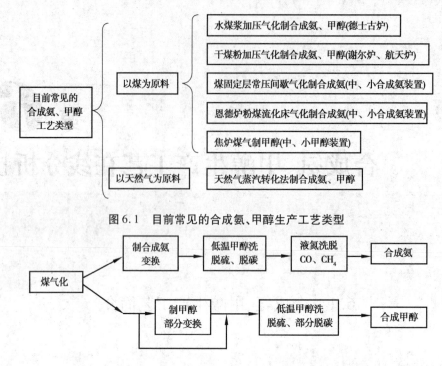

图 6.1　目前常见的合成氨、甲醇生产工艺类型

图 6.2　水煤浆、干煤粉加压气化制合成氨、甲醇工艺流程

6.1.2　合成氨生产工艺

由于原料和净化方法的不同,合成氨工艺流程也不相同。合成氨生产工艺流程和方法如图 6.3 所示。

(1)以煤为原料的中型氨厂工艺流程

以无烟煤(或焦炭)为原料的中型氨厂,生产流程如图 6.4 所示。

表 6.1　以煤为原料中型氨厂工艺气的组成

物料位号	1	2	3	4
气体名称	半水煤气	变换气	脱碳气	精炼气
气体组成/%				
H_2	10.5	50.12	70.99	73.98
N_2	21.19	16.61	23.53	24.60
CO	28.54	2.60	3.69	
CO_2	10.16	1.60	0.30	
O_2	0.40	0.11	0.14	
$CH_4 + Ar$	1.21	0.96	1.35	1.42
H_2S	2 g/m^3			

将粒度为 25～75 mm 的无烟煤(或焦炭)加到固定层煤气发生炉中,交替地向炉内通入空气和蒸汽,气化所产生的半水煤气经燃烧室、废热锅炉回收热量后,送到气柜储存。

半水煤气经电除尘器除去其中固体小颗粒后,依次进入原料气压缩机的第Ⅰ、Ⅱ、Ⅲ段,加压到 1.9 ~ 2 MPa,送到半水煤气脱硫塔中,用 ADA 溶液(或其他脱硫溶液)洗涤,以除去气体中硫化氢。然后,气体进入饱和塔,用热水使气体饱和水蒸汽,经热交换器被变换炉来的变换气加热后,进入变换炉,用蒸汽使气体中一氧化碳变换为氢。变换后的气体返回热交换器与半水煤气换热后,再经热水塔使气体冷却,进入变换气脱硫塔中,用 ADA 溶液洗涤,以脱除变换时有机硫转化而成的硫化氢。

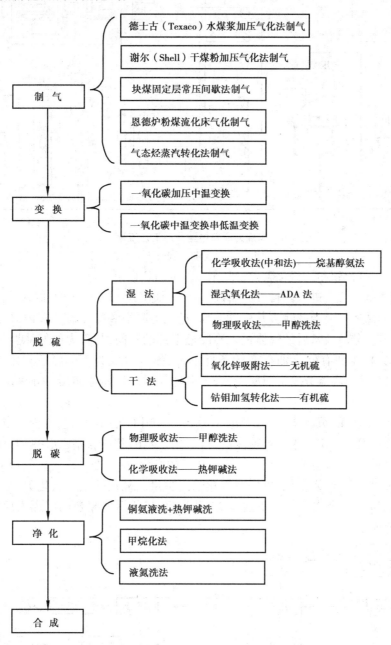

图 6.3　合成氨生产工艺流程和方法

此后,气体进入二氧化碳吸收塔,用有机胺热钾碱溶液除去气体中绝大部分二氧化碳。脱碳后的原料气进入原料气压缩机的第Ⅳ、Ⅴ段,加压到 12 ~ 13 MPa,依次进入铜洗塔和碱洗

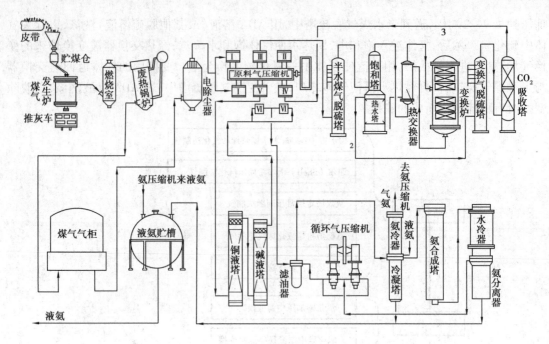

图 6.4　以煤为原料中型氨厂工艺流程之一

（固定层常压间歇法制气工艺）

塔中,使气体中一氧化碳和二氧化碳含量降至 20 cm^3/m^3 以下。

　　净化后的氢氮混合气进入原料气压缩机第Ⅵ段,加压到 30～32 MPa,进入滤油器,在此与循环压缩机来的循环气混合并除去其中油分后,进入冷凝塔和氨冷器的管内,再进入冷凝塔下部分离出液氨。分离液氨后的气体进入冷凝塔上部的管间,与管内的气体换热后,进入氨合成塔,在高温、高压和有催化剂存在的条件下,氢氮气合成为氨。出塔气中含氨 10%～16%,经水冷器与氨分离器分离出液氨后,进入循环气压缩机循环使用。分离出来的液氨进入液氨贮槽。

　　图 6.5 是以无烟煤（或焦炭）为原料的中型氨厂常用的另一类工艺流程。半水煤气先经 ADA 法脱硫、中温变换、ADA 法二次脱硫后,再采用二乙醇胺或氨基乙酸热钾碱法脱碳。此后,采用氧化锌脱硫、低温变换、甲烷化三项催化剂的净化过程,即一次脱碳气经氧化锌脱硫、低温变换、二次脱碳后,配入氮气,再经甲烷化除去少量一氧化碳及二氧化碳,制得合格的氢氮混合气,压缩后送入合成系统。我国在 20 世纪 60 年代后期兴建的以煤为原料的中型氨厂,大多采用这种流程。

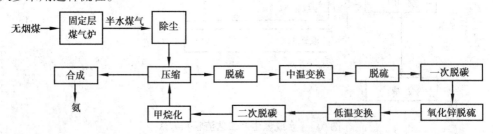

图 6.5　以煤为原料中型氨厂工艺流程之二

（固定层常压间歇法制气工艺）

（2）以煤为原料的大型氨厂工艺流程

前述中型氨厂采用的固定层常压间歇法制气工艺属于第一代煤气化技术,它的缺点是只能以储量有限的无烟煤和产量有限的焦炭为原料,且生产效率低。而大型氨厂采用的德士古水煤浆加压气化法和鲁奇碎煤加压气化法制气工艺同属第二代煤气化技术,谢尔干煤粉加压气化法制气工艺则属于第三代煤气化技术。

德士古工艺在我国已有近15年的成功应用经验,1990年代初首先用于鲁南化肥厂,此后又用于渭河化肥厂、上海焦化总厂、淮南化工总厂等,该工艺技术和设备已基本国产化,在我国目前的技术经济条件下是合成氨、甲醇装置优选的气化方法。

谢尔工艺在运行周期、单炉产能、变负荷能力、碳的转化率和有效气体成分等方面优点明显,而且在环保和资源综合利用方面具有优势,技术发展前景好。但设备投资较大,该技术的引进消化吸收尚需大量投资、时间和过程。中国石化和壳牌公司合作首先在岳阳洞庭氮肥厂煤代油改造工程中采用了该技术,此后一些新建大型煤化工装置也采用了该技术。

我国航天工业总公司自主开发的"航天炉",也属于干煤粉加压气化法制气技术,近期在国内推广较快。

表6.2 几种煤气化工艺操作条件和水煤气干气的组成

气化工艺	鲁奇	德士古	谢尔
操作压力/MPa	2.0~3.1	2.65~6.5(4.0较多)	2.0~3.0
操作温度/℃	1100~1300	1350~1500	1400~1600
H_2	10.7	7.1	26.7
CO	25.3	45.4	63.3
CO_2	24.8	17.1	1.5
CH_4	8.7	0.1	0.1
$H_2S + COS$	0.7	1.1	1.3
N_2	1.2	0.7	4.1
Ar	0.6	0.6	1.1
有效气体成分	62~65	80~82	>90

德士古水煤浆加压气化制合成氨工艺流程如图6.6所示。该工艺采用低温甲醇洗脱除二氧化碳及硫化物等酸性气体,用液氮洗脱除少量一氧化碳,气体净化流程简单,净化度高。

谢尔干煤粉加压气化制合成氨工艺流程如图6.7所示,除气化原料制备、气化炉结构和气化反应条件与德士古法不同外,其余流程完全相同。

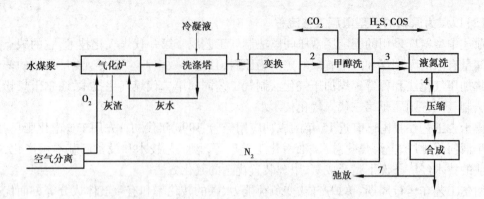

图 6.6　水煤浆加压气化法大型氨厂工艺流程图

表 6.3　水煤浆加压气化法大型氨厂工艺气的组成

物料位号	1	2	3	4	5	6	7
气体名称	合成气	变换气	净化气	新鲜气	合成塔进口气	合成塔出口气	弛放气
H_2	4.00%	54.93%	98.076%	74.58%	66.8%	57.59%	64.72%
N_2	0.344%	0.25%	0.538%	24.66%	21.46%	18.30%	20.56%
CO	50.96%	0.35%	1.0869%	CO + CO_2:			
CO_2	15.91%	43.89%	<20 ppm	<1 ppm			
CH_4	0.084%	0.01%	0.1203%	0.6%	7.02%	7.80%	8.75%
Ar	0.12%	0.00%	0.1778%	0.16%	2.98%	3.31%	3.72%
H_2S	0.55%	0.36%	总硫:		1.74%	13.00%	2.25%
COS	0.032%	0.03%	<1 ppm				
H_2O		0.02%		<0.01 ppm			
CH_3OH			0.001%				
NH_3							

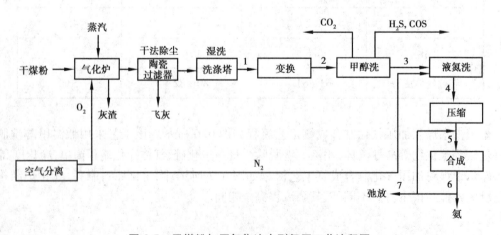

图 6.7　干煤粉加压气化法大型氨厂工艺流程图

(3) 以天然气为原料生产合成氨工艺流程

天然气制氨普遍采用蒸汽转化法,其典型流程如图6.8所示。

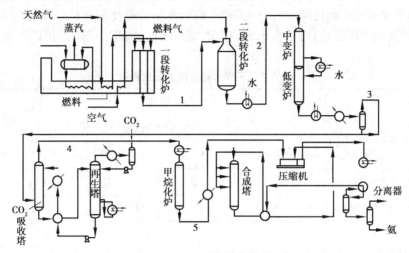

图6.8　以天然气为原料大型氨厂工艺流程

表6.4　以天然气为原料大型氨厂工艺气的组成

物料位号	1	2	3	4	5
气体组成/%					
H_2	67.5	56.2	60.9	74.5	74.0
N_2	2.2	22.3	19.9	24.2	24.7
CO_2	10.9	8.3	18.3	0.1	—
CO	9.8	12.6	0.3	0.4	—
CH_4	9.6	0.3	0.3	0.4	0.9
Ar	0	0.3	0.3	0.4	0.4

经脱硫后的天然气,与水蒸气混合,在一段转化炉的反应管内进行转化反应。转化反应所需热量,在反应管外用燃料燃烧供给。一段转化气进入二段转化炉,在此通入空气,燃烧掉一部分氢或其他可燃性气体,放出热量,以供剩余的气态烃进一步转化,同时又把合成氨所用的氮气引入系统。

二段转化气依次进入中温变换和低温变换,在不同的温度下使气体中的一氧化碳与水蒸气反应,生成等量的氢和二氧化碳。经过以上几个工序,制出了合成氨所用的粗原料气,主要成分是氢、氮和二氧化碳。

粗原料气进入脱碳工序,用含二乙醇胺或氨基乙酸的碳酸钾溶液除去二氧化碳,再经甲烷化工序除去气体中残余的少量一氧化碳和二氧化碳,得到纯净的氢氮混合气。

氢氮混合气经合成气压缩机压缩到高压,送入合成塔进行合成反应。由于气体一次通过合成塔后只能有10%~20%的氢氮气反应,因此需要将出塔气体冷却,使产品氨冷凝分离,未反应的气体重新返回合成塔。

6.1.3 合成甲醇生产工艺

工业上主要采用一氧化碳加氢合成甲醇,根据使用的催化剂和反应压力的不同,又分为高压法、低压法和中压法几种,见表6.5。目前,高压法已被淘汰,普遍采用低压法和中压法合成工艺。

表6.5 不同合成方法的反应条件

方法	催化剂	条件		备注
		压力/MPa	温度/℃	
高压法	二元催化剂 ZnO-Cr$_2$O$_3$	25～30	350～420	1924 年工业化
低压法	三元催化剂 CuO-ZnO － Cr$_2$O$_3$（Al$_2$O$_3$）	5	240～270	1966 年工业化
中压法	三元催化剂 CuO－ZnO－Al$_2$O$_3$	10～15	240～270	1970 年工业化

(1)以天然气为原料的合成甲醇工艺流程

低压法合成甲醇的工艺流程如图6.9所示,由制气、压缩、合成、精制四大部分组成。

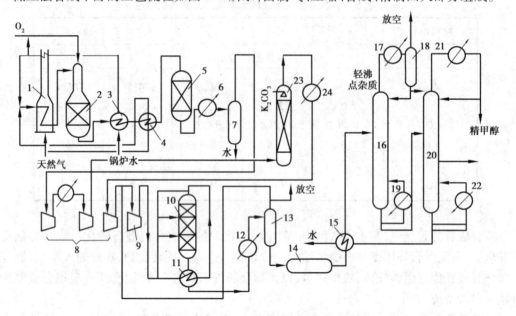

图 6.9 低压法天然气制甲醇工艺流程

1——一段转化炉;2—二段转化炉;3—废热锅炉;4—加热器;5—脱硫器;6,12,17,21,24—水冷器;7,13,18—分离器;8—合成气透平压缩机;9—循环气压缩机;10—甲醇合成塔;11—合成气加热器;14—粗甲醇中间储槽;15—粗甲醇加热器;16—轻组分精馏塔;19,22—再沸器;20—重组分精馏塔;23—CO$_2$ 吸收塔

利用天然气经水蒸气转化(或部分氧化)后得到的合成气,再经换热脱硫后(含硫不大于5×10^{-7} Vol,经水冷却分离出冷凝水后进入合成气透平压缩机(三段),压缩至压力稍低于5 MPa,与循环气混合后在循环压缩机中压至 5 MPa 后,进入合成反应器,在催化床中进行合成反应。合成反应器为冷激式绝热反应器,催化剂为 Cu-Zn-Al 系列,操作压力为 5 MPa,操作

温度为240～270℃。由反应器出来的气体含甲醇4%～8%,经换热器与合成气热交换后进入水冷器,冷却后进入分离器,使液态甲醇在此与气体分离,经闪蒸除去溶解的气体,然后送去精制。分离出的气体含大量的 H_2 和CO,返回循环气压缩机循环使用。为防止惰性气体积累,将部分循环气放空。

粗甲醇中除含有约80%的甲醇外,还含有两大类杂质。一类是溶于其中的气体和易挥发的轻组分,如氢气、一氧化碳、二氧化碳、二甲醚、乙醛、丙酮、甲酸甲酯和羰基铁等;另一类是难挥发的重组分,如乙醇、高级醇、水分等。可利用两个塔分别予以除去。

粗甲醇首先进入第一个塔(称为轻馏分精馏塔),经分离塔顶引出轻组分,经冷凝冷却后回收其中所含甲醇,不凝气放空。此塔一般为板式塔,40～50块塔板。塔釜引出重组分(称釜液),进入第二个塔(称为重组分精馏塔)。塔顶采出产品甲醇,塔釜为水,接近塔釜处侧线采出乙醇、高级醇等杂醇油。

采用此双塔流程获得的产品甲醇纯度可达99.85%。

(2)以煤为原料的合成甲醇工艺流程

ICI低压法合成甲醇的工艺流程如图6.10所示,由水煤浆加压气化、变换、低温甲醇洗、合成和精制四大部分组成。

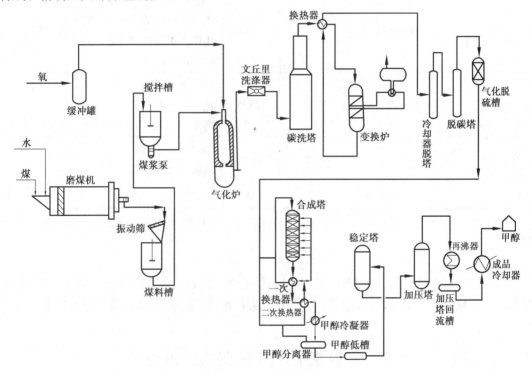

图6.10　ICI低压法煤制甲醇工艺流程

表6.6　神华宁夏煤业集团煤基烯烃项目甲醇装置质谱仪分析数据表

样品名称	取样点位号	压力/MPa	温度/℃	样品组成/%
1 合成气	520-AP-0101D、F	2.99	30	CO_2:2.709;CO:1.264 H_2:67.432;CH_3OH:0.015 N_2:0.569;CH_4:0.011

续表

样品名称	取样点位号	压力/MPa	温度/℃	样品组成/%
2 循环气	520 - AP - 0101G	7.206	40	CO_2:4.034;CO:3.362 H_2:77.189;CH_3OH:0.575 H_2O:0.012;N_2:14.602 CH_4:0.226
3 合成塔入口气	520 - AP - 0101I	8.047	80	CO_2:3.502;CO:13.702 H_2:73.309;CH_3OH:0.351 H_2O:0.007;N_2:8.989 CH_4:0.014
4 合成塔出口气	520-AP-0101HA、B	7.694	260.6	CO_2:3.493;CO:6.613 H_2:66.765;CH_3OH:11.248 H_2O:0.776;N_2:10.934 CH_4:0.17
5 弛放气	520-AP-0101J	0.4	35	CO_2:8.786;CO:7.323 H_2:50.435;CH_3OH:1.252 H_2O:0.027;N_2:3.686 CH_4:0.491
6 甲醇蒸气	520 - AP - 0101K	0.81	128.5	CH_3OH:99.998 低沸点物:0.001 高沸点物:0.001～0.002
7 甲醇蒸气	520 - AP - 0101L	0.12	68.9	CH_3OH:99.998 高沸点物:0.002
8 氢气	520 - AP - 0101M	3.28	45	H_2:99.9;N_2:0.1

注:低沸点物——主要是二甲醚 C_2H_6O;高沸点物——包括异丁醇 $C_4H_{10}O$、MEK 丁酮 C_4H_8O、MPK 戊酮 $C_5H_{10}O$、乙醇、乙酰等。

从以上介绍可以看出,以煤和天然气为原料的大型合成氨、甲醇装置工艺流程大致相同,本书以合成氨生产装置为主,介绍其在线分析仪器的配置、选型、样品处理和应用技术。

6.2 水煤浆加压气化在线分析技术

6.2.1 水煤浆加压气化制气工艺

水煤浆加压气化工艺包括水煤浆制备、水煤浆加压气化和灰水处理三部分。

水煤浆加压气化炉燃烧室排出的高温气体和熔渣因冷却方式的不同而分为激冷流程和废锅流程。

（1）激冷流程

从煤输送系统送来原料煤,经过称重后加入磨机,在磨机中与定量的水和添加剂混合制成一定浓度的煤浆。煤浆经滚筒筛筛去大颗粒后流入磨机出口槽,然后用低压煤浆泵送入煤浆槽,再经高压煤浆泵送入气化喷嘴。通过喷嘴煤浆与空分装置送来的氧气一起混合雾化喷入气化炉,在燃烧室中发生气化反应,生成的水煤气中主要含有 H_2、CO、CO_2 及水蒸气四种组分,其中($H_2 + CO$)含量大于75%,另外还含有少量 CH_4 及 H_2S。

气化炉燃烧室排出的高温气体和熔渣经激冷环被水激冷后,沿下降管导入激冷室进行水浴,熔渣迅速固化,粗煤气被水饱和。出气化炉的粗煤气再经文丘里喷射器和炭黑洗涤塔用水进一步润湿洗涤,除去残余的飞灰,根据需要,将所产粗煤气经变换制氢或做他用。生成的灰渣留在水中,绝大部分迅速沉淀并通过锁渣罐系统定期排出界外。激冷室和炭黑洗涤塔排出黑水中的细灰(包括未转换的炭黑)通过灰水处理系统经沉降槽沉降除去,澄清的灰水返回工艺系统循环使用。为保护气化喷嘴头部,设置有专用循环冷却水系统。

激冷流程(图6.11)含有饱和水蒸气的粗煤气刚好满足下游一氧化碳变换反应的需要,特别适合生产合成氨或其他产品生产需要纯氢的情形;也适用于城市煤气的情形,但需将洗涤后的粗煤气进行部分变换及甲烷化,以减少一氧化碳含量并提高煤气热值。

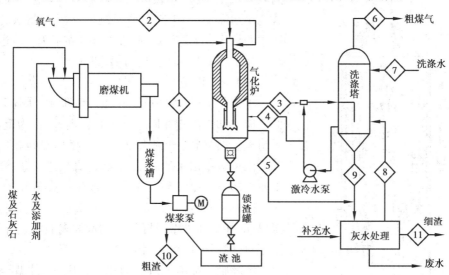

图 6.11　德士古气化激冷流程示意图

（2）废锅流程

气化炉燃烧室排出物经过紧连其下的辐射废锅间接换热副产高压蒸汽,高温粗煤气被冷却,熔渣开始凝固,含有少量飞灰的粗煤气再经过对流废锅进一步冷却回收热量,绝大部分灰渣(约占95%)留在辐射废锅的底部水浴中。出对流废锅的粗煤气用水进行洗涤,除去残余的飞灰,然后可送往下游工序进一步处理。

另有一种半废锅流程,粗煤气和熔渣在辐射废锅内将一部分热量富产蒸汽后不再直接进入对流废锅,而是直接进入炭黑洗涤塔,洗掉残余灰分的同时获得一部分水蒸气,为需将一氧化碳部分变化为氢气的工艺提供条件。

废锅流程(图6.12)将粗煤气(含熔渣)所携带的高位热能得以充分回收,而且粗煤气中所含水蒸气极少,特别适合于后面不需要进行变换或只需部分变换的场合,由废热锅炉副产

的高压蒸汽既可以用来驱动透平发电,也可以并入蒸汽管网用作他用。该工艺主要用于诸如

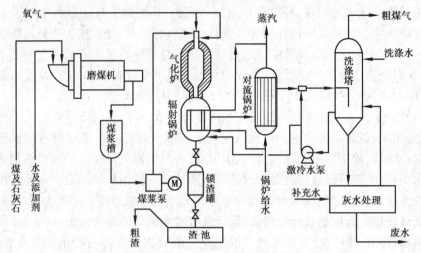

图 6.12　德士古气化废锅流程示意图

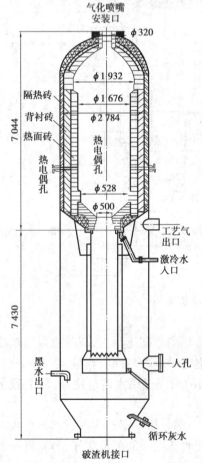

图 6.13　激冷式气化炉结构示意图

制取一氧化碳、工业燃料气、联合循环发电工程,或进行其他用途需 H_2/CO 比率低于制取纯氢所要求的 H_2/CO 比率的情形,如果需要调整 H_2/CO 的比率,通过一氧化碳变换炉将适量 CO 转换为 H_2 即可。

(3)主要设备

①气化炉(图6.13)。在激冷流程中,水煤浆气化炉的反应室和急冷室在同一高压容器内,上部为反应室,内衬耐火保温材料,下部为急冷室。喷嘴安装在气化炉顶部。由反应室出来的高温水煤气,直接进入急冷室,被水迅速冷却。急冷室底部设有旋转式灰渣破碎机,将大块灰渣破碎,便于排除。为防止耐火砖破裂后,炉体受到高温损坏,在炉体外壁设置一定数量的表面温度计,一旦超温便自动报警,即可及时处理。

②喷嘴。喷嘴也称为烧嘴,作用是将水煤浆充分雾化,使水煤浆与氧气混合均匀。喷嘴常用的结构形式为三套管式(图6.14),即物料导管由三套管组成,氧气为两部分,一部分走中心管,一部分走外套管,水煤浆走中间环管。外套管外面设有水冷盘管,通入冷却水,用以保护喷嘴。当喷嘴冷却水供给量不足时,气化炉会自动停车。

德士古气化炉水煤浆气化过程中对仪表和自动控制来说要解决以下难题:固体物料输送和计量、水煤浆流量测量、氧气流量测量和调节、气化炉炉内高温测量、气化炉炉壁表面温度测量、气化炉激冷室液位测量和调节、气

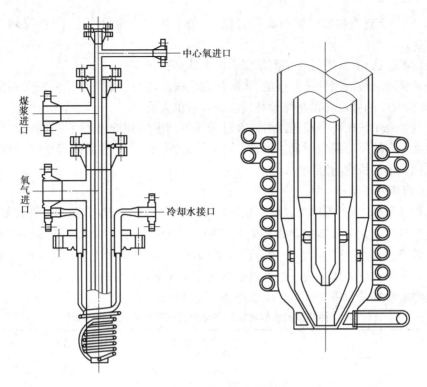

中心氧进口

煤浆进口

氧气进口

冷却水接口

图 6.14　三套管式喷嘴示意图

化气流量计量、气化气成分分析、气化炉压力测量和调节、锁渣罐排渣程序控制、气化炉安全连锁紧急停车系统等。在气化过程的在线分析项目,主要是包括炭黑洗涤塔出口水煤气的组成分析和喷嘴冷却水中一氧化碳含量的监测报警。

6.2.2　炭黑洗涤塔出口水煤气的成分分析

在线自动分析碳洗塔出口气化气的组成,分别测量 H_2、CO、CO_2、CH_4 等气体的含量,可以了解气化炉的运行情况,用于指导气化炉及下游工序的操作,并估计气化炉内的温度。

这里特别值得重视的是,需要在线连续测量碳洗塔出口气体中的甲烷含量,用以间接判断气化炉炉膛温度。

气化炉内温度是气化炉运行最重要的参数之一,它反映了水煤浆在气化炉内化学反应的状况,影响着碳的转化率、气化炉运转状态及气化炉的寿命和安全。因此,应尽一切可能正确测量炉内温度。

炉内温度测量分为直接测量和间接判断两种。直接测量是指用热电偶测量炉温,这是最为准确、快速、可靠的方法,但是由于气化反应温度很高(往往超过 1500 ℃),加之反应剧烈,冲刷磨蚀严重,一般气化炉开车不久热电偶就会烧坏,所以采用下述方法间接判断炉内温度。

(1) CH_4 含量判断法

一种重要的监测气化炉炉膛温度的方法是在线监测原料气中的甲烷含量,它在反映炉膛温度变化方面与热电偶不相上下。用户可以根据各自的实际情况将甲烷含量与温度的关系做成曲线,用以指导操作。CH_4 分析仪的量程一般选用 $0 \sim 1\,500 \times 10^{-6}$,正常值在 300×10^{-6} 左右。CH_4 含量偏低,表明炉温偏高,反之,则表明炉温偏低。气化炉炉膛温度的控制手段是调节氧煤比,即调节氧气和水煤浆的流量之比,一般水煤浆的流量固定不变,仅调节氧气的流量。

与热电偶测温法相比,甲烷含量测量法有两个缺点:

①甲烷含量对温度的判断是间接的;实际炉膛反映温度与甲烷含量之间的关系需要通过实验确立;原料气中的甲烷含量与煤种和反应条件有很大关系。

②由于气体在系统内有一段停留时间并且采样点到甲烷分析仪还有一段距离,所以甲烷分析指示存在一定的反应滞后时间。因此,在开车或系统发生突然温度变化时,甲烷测温法就不如热电偶显示的快捷与准确。

(2)组分走势判断法

当气化炉开车稳定后,可以通过观察粗煤气中 CO、CO_2、H_2、CH_4 含量组分变化趋势,再结合其他相关参数的变化及粗渣形状来判断气化炉炉膛温度的高低。日本宇部兴产(UBE)公司设有专用计算机,通过气化气中各种成分的组成,判断气化炉工作情况并估计炉内温度的高低。有经验的操作人员和技术人员也可以根据气化煤气中气体成分组成综合判断炉温。

几种典型的水煤浆加压气化炉工况条件和气化气组成见表6.7。

表6.7 几种典型的水煤浆加压气化炉工况条件和气化气组成表

项目	气化装置 A		气化装置 B		气化装置 C	
	设计	运行	设计	运行	设计	运行
高位热值/(kJ·kg^{-1})	27 200	26 317	31 097	29 034	28 378	
煤浆流量/(m^3·h^{-1})	34.6	35.04	27.63	27.70		
煤浆浓度/%(质量百分比)	65	66.25	61	61.2	63	
干煤量/(kg·h^{-1})	27 460	27 800	20 241	20 343	13 250	14 508
氧量(100%纯)[m(标)·h^{-1}]	17 352	18 020	13 748	13 594	9 200	
气化压力/MPa	6.50	6.21	4.0	3.74	2.59	
气化温度/℃	1 400		1 398	1 324	1 400	
产品气组成组成/%(摩尔百分比)						
H_2	33.64	36.52	35	35.50	35.09	
CO	47.62	45.12	47	45.30	45.23	
CO_2	17.56	17.41	17.5	17.70	18.53	
H_2S	0.43		0.07	0.11	0.43	
COS	0.02				0.03	
N_2	0.50		0.34	0.29	0.54	
Ar	0.13		0.13	0.10	0.14	
CH_4	0.1	0.07	0.1	0.06	0.01	

续表

项目	气化装置 A		气化装置 B		气化装置 C	
	设计	运行	设计	运行	设计	运行
产气量(千)/$(m^3 \cdot h^{-1})$	52 587	52 720	43 367	40 457	27 270	27 853
$(CO+H_2)/(m^3 \cdot h^{-1})$	42 729	43 030			21 900	22 023
气化指标						
产气率$[m^3(CO+H_2)(标) \cdot kg^{-1}(干煤)]$	1.56	1.55	2.14	1.99	1.65	1.517
比煤耗/$kg(干煤) \cdot (km)^{-3}(标)(CO+H_2)]$	642	638	571.5	614	606.1	658.8
比氧耗$[m^3(标)O_2 \cdot (km)^{-3}(标)(CO+H_2)]$	406	419	387.4	411	420.1	443.2
碳转化率/%(质量百分比)	96.5	96.1	95.96	94	96	92.33
冷煤气效率/%		70.85	71.91	71.3		69.9

大型合成氨、甲醇装置一般配备 3 台水煤浆加压气化炉,通常两用一备。碳洗塔出口气化气在线分析的仪器选型,有以下几种方案可供选择:

1)采用工业质谱仪

较早期的德士古水煤浆气化装置,要求用在线工业质谱仪快速分析碳洗塔出口气体全组分,以便更好地指导操作。其优点一是分析速度很快,每个样品流路的分析时间仅需 1 s,1 台质谱仪可同时对多台气化炉轮流进行快速分析;二是不但可以测得 H_2、CO、CO_2、CH_4 的含量,还可同时测得 H_2S、COS、N_2、Ar 等组分的含量。其缺点是价格贵,仪器复杂难以掌握,厂家售后服务环节薄弱。

除了 3 台炉子合用 1 台质谱仪以外,为了弥补炉内高温热电偶寿命的不足,每台气化炉往往还配备 1 台红外分析仪连续监测 CH_4 含量,以便在高温热电偶失效时,估计炉内温度。

2)采用、红外分析仪加热导分析仪的方案

该方案是日本 UBE(宇部兴产)工程公司采用的,该公司选用日本崛场(HORIBA)3 台红外和 1 台热导式分析仪,分别分析气化气中 CO、CO_2、CH_4 和 H_2 的含量,每台气化炉使用 4 台分析仪。国内最先在镇海、宁化、乌石化大化肥重油气化装置应用,后经渭河化肥厂水煤浆气化装置应用的实践,证明是切实可行的。

这一方案的优点是分析速度快,1 台仪器仅测量 1 台炉子的 1 种组分,可连续显示相应组分含量,系统构成简单明了,仪器的使用、维护技术也易于掌握。

其缺点是本身不能做组分间的补偿计算,4 台仪器的分析结果与实验室色谱仪分析结果之间存在差异,不但单一组分的含量不一致,而且 4 种组分的总和也不相同。这是由于各组分之间的相互干扰造成的。用热导分析仪测量 H_2 的含量时,CO、CO_2、CH_4 对其有干扰,而以 CO_2 的干扰最大;用红外分析仪测量 CO、CO_2 的含量时,相互之间也有干扰。解决办法之一是在 DCS 内部开发组分间的补偿计算软件,之二是采用模块化多组分分析仪,各个分析模块的测量结果相互补偿。

另一缺点是 3 台炉子需配置 12 台分析仪,造价并不低,仪器运行和维护成本也较高。

3）采用工业色谱仪加红外分析仪的方案。

每台气化炉采用 1 台工业色谱仪进行分析，测量组分包括 H_2、CO、CO_2、CH_4、N_2、Ar 等（如需测量 H_2S、COS，则需再增加 1 台 FPD 检测器的色谱仪）。为了弥补色谱仪分析周期较长、分析速度慢的弱点，每台炉子再单独配置 1 台红外分析仪，对 CH_4 含量进行连续快速监测。

这一方案价格较低，且分析重点突出。贵州金赤煤化工项目采用的就是这一方案。

6.2.3 碳洗塔出口气体的样品处理技术

无论采用上述何种仪器配置方案，均需确保样品处理系统的适用性和可靠性，这是气化炉在线分析能否成功的关键所在。

洗涤塔出口合成气的压力一般为 6.3 MPaG（还有 4.0 MPaG、2.6 MPaG、8.5 MPaG 几种），温度 240 ℃左右（最低 217 ℃），含水量高达 53.94%（饱和状态），有时还含有一定数量的煤灰粉尘，要把这种高温、高压、含水、含尘的样品处理干净，适合仪器分析的要求并非易事。

下面以金赤煤化工项目为例，介绍水煤浆气化炉洗涤塔出口气体的取样和样品处理技术。

图 6.15　水煤浆气化炉碳洗塔出口样品初级处理系统（水冷却器 + 气液分流器）

由于样品气含水量高，夹带有一定数量的煤灰粉尘，这些粉尘颗粒经过洗涤塔水洗后是潮湿的，如果进入样品系统很容易造成堵塞，必须彻底除去。

洗涤塔出口合成气样品取出后，经高温针阀降压后送水冷却器降温。由于样品温度高且含有炭黑粉尘，如果使用一般减压阀，不但不耐温而且不耐磨，易于损坏，宜使用石墨密封面的耐高温针阀来部分降压。

图 6.18 为水冷却器的结构原理示意图，样气经多根列管与冷却水换热后流到下部的管板室，在这里气体和冷凝液初步分离。送分析器的样气由一根列管向上引出水冷器，其余样气和凝液由下部流入气液分流器中，在这里气液分流，冷凝液由下部流出，样气由上部引至排火炬管线，这样可以加快样品气的流动，减轻高压气体减压膨胀造成的测量滞后。

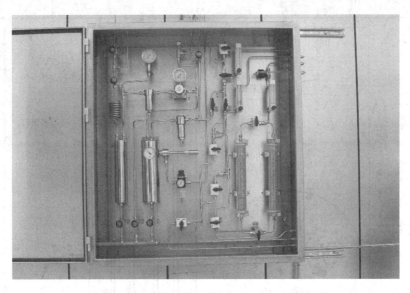

图 6.16　水煤浆气化炉碳洗塔出口样品处理系统

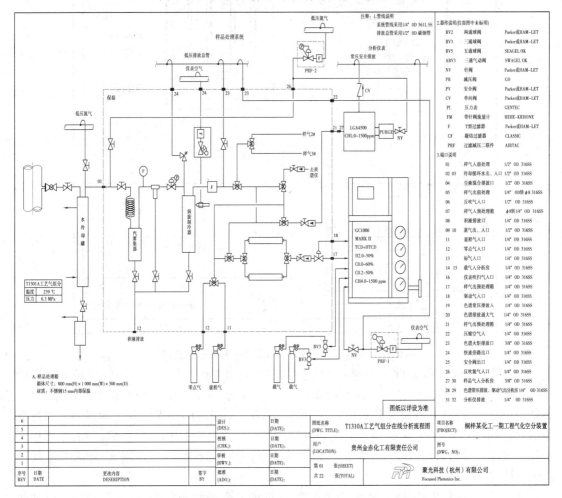

图 6.17　水煤浆气化炉碳洗塔出口样品处理系统流路图

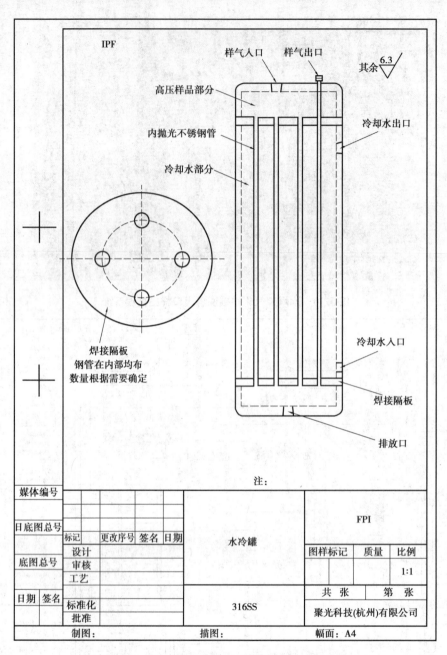

图6.18　水冷却器结构原理示意图(列管式换热器)

经过降温分流初级处理后的样气,通过样品管线传输至位于分析小屋的样品处理箱内(图6.16)。依次通过空气冷却器(空冷盘管)→气雾捕集器(填充玻璃纤维的聚结过滤器)→不锈钢烧结过滤器(具有旋液分离功能的旁通过滤器)→减压阀→涡旋管冷却器→精细过滤器(纸质过滤器)处理后,分别送入激光分析仪和气相色谱仪。上述样品处理环节的主要作用是除水、脱湿,其目的是将样气中的液态水分尽可能除去,提高其结露点温度,然后升温保湿送入分析仪。

注意:①气雾捕集器、烧结过滤器、涡旋管冷却器在排液的同时,分流一部分样气,以加快样气的流动,减小测量滞后;②样气进色谱仪之前需进行脱硫处理(色谱柱不耐硫,进激光分

144

析仪的一路则无需脱硫),脱硫罐一用一备。

6.2.4　气化炉喷嘴烧损泄漏在线监测

水煤浆气化炉的气化反应温度为 1 350 ~ 1 500 ℃,为了保护喷嘴免受高温损坏,设有喷嘴冷却水系统。喷嘴也称烧嘴,通常采用三套管式结构,氧气一部分走中心管,一部分走外套管,水煤浆走中间环管。外套管外面设有水冷盘管,通入冷却水用以保护喷嘴。

烧嘴冷却水安全联锁系统的作用是:触发气化炉安全联锁系统的因素之一。当烧嘴冷却水系统发生故障时,触发气化炉联锁紧急停车,并且切断冷却水,不使水流入气化炉,避免气化炉及其炉砖的损坏,并且阻断较高压力的气化气进入烧嘴冷却水系统。

为此,在烧嘴冷却水系统设计有冷却水烧嘴后管线的流量测量,以作为烧嘴前冷却水流量的对比,它的值偏离正常值时,发出报警;在下游的烧嘴冷却水气体分离器上安装有 CO 气体检测器,当烧嘴上的冷却水盘管局部烧穿时,气化气会进入冷却水,在气体分离器处会检测到 CO 含量增加,发出报警。

当喷嘴烧损出现泄漏时,反应气体会逸入冷却水中,在线监测循环冷却水中是否含有CO,可以间接判断喷嘴的完好情况。一旦出现泄漏,可及时采取措施,避免造成重大设备事故。测量点位于循环冷却水中间储罐,储罐上部采用氮封,水温 50 ~ 60 ℃,氮封压力为常压(大气压力)。

测量方案有如下两种:

①将氮封气体抽出后,用红外分析仪测量。由于氮封气体含有饱和水汽,需除湿干燥后才能送红外分析仪测量。这一方案样品处理系统较为复杂,微量 CO 红外分析仪价格也较贵。

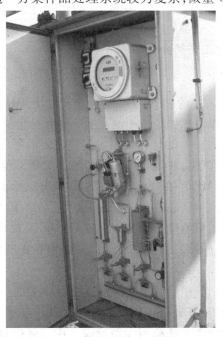

图 6.19　气化炉烧嘴循环冷却水 CO 红外分析仪测量系统图

②将氮封气体抽出后,用有毒气体检测器测量,由于电化学式 CO 检测器测量时需要有氧的参与,而不能测量完全无氧的气体混合物,为此,在抽吸氮封气体时,可同时吸入少量空气,

以满足检测器的工作条件。测量系统如图 6.20 所示。

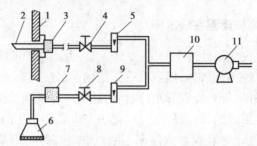

图 6.20 氮封气体中 CO 检测系统
1—罐壁;2—氮封气体吸入口;3、7—过滤器;4、8—针阀;5、9—转子流量计;
6—空气吸入口;10—有毒气体(CO)检测器;11—抽吸泵

由于喷嘴泄漏时逸入的气化气量难以确定,这一检测系统的作用属于监视报警性质,只要灵敏度足够高即可,对氮封气体和空气的配比比例和配比精度并无严格要求。

电化学式 CO 检测器灵敏度很高,报警限仅 30 mg/m³(25.7 ppmV),足以胜任这一监测任务。这一方案结构简单,价格低廉,又能满足测量要求,值得推荐。据了解,日本宇部兴产株式会社为我国渭河化肥厂提供的成套气化炉喷嘴烧损泄漏监测系统就是采用这一方案,我国部分水煤浆气化装置也采用了这一方案。

6.3 干煤粉加压气化在线分析技术

6.3.1 干煤粉加压气化工艺简介

(1)工艺流程概述

Shell 干煤粉加压气化工艺是荷兰 Shell 国际石油公司开发的一种气流床粉煤气化技术。

来自制粉系统的干燥粉煤由氮气经浓相输送至炉前煤粉仓及煤锁斗,再经加压氮气将细煤粒子由煤锁斗送入周向相对布置的气化烧嘴。气化需要的氧气和水蒸气也送入烧嘴。通过控制加煤量,调节氧量和蒸汽量,使气化炉在 1 400 ~ 1 700 ℃ 范围内运行。

气化炉操作压力为 2 ~ 4 MPa。在气化炉内煤中的灰分以熔渣形式排出。绝大部分熔渣从炉底离开气化炉,用水激冷,再经破渣机进入渣锁系统,最终泄压排出系统。

出气化炉的粗煤气挟带的熔渣粒子被循环冷却煤气激冷,使熔渣固化而不致粘在合成气冷却器壁上,然后再从煤气中脱除。合成气冷却器采用水管式废热锅炉,用来产生中压饱和蒸汽或过热蒸汽。

粗煤气经省煤器进一步回收热量后进入陶瓷过滤器除去细灰(< 20 mg/m³)。部分煤气加压循环用于出炉煤气的激冷,其余粗煤气再经过湿法洗涤装置进一步净化,使飞灰残留量不大于 1 mg/m³(标)。通过洗涤系统也可以脱除煤气中其他微量杂质如可溶碱盐、氯化物、氨、氰化物和硫(H_2S、COS)。

洗涤系统的排放水送至酸气汽提塔,经澄清后再循环使用。从酸气脱除系统以及酸气汽提塔来的酸气可送至克劳斯装置回收硫黄。

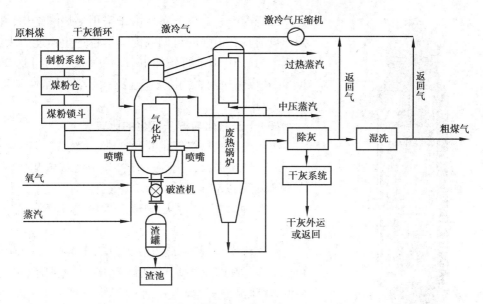

图 6.21　Shell 煤气化工艺(SCGP)流程示意图

图 6.22　Shell 干煤粉加压气化制气装置

(2)主要设备

①气化炉。气化炉内筒上部为燃烧室(或气化区),下部为熔渣激冷室。煤粉及氧气在燃烧室反应,温度为 1700 ℃左右。Shell 气化炉由于采用了膜式水冷壁结构,内壁衬里设有水冷却管,副产部分蒸汽。正常操作时,壁内形成渣保护层,用以渣抗渣的方式保护气化炉衬里不受侵蚀,避免了因高温、熔渣腐蚀及开停车产生应力对耐火材料的破坏而导致气化炉无法长周期运行。由于不需要耐火砖绝热层,运转周期长,可单炉运行,不需备用炉,可靠性高。

②烧嘴。气化炉加料采用侧壁烧嘴,在气化高温区对称布置,并且可根据气化炉能力由

147

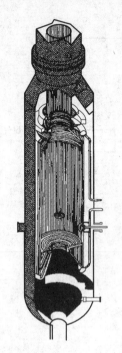

图 6.23　Shell 煤气化炉结构简图

4~8个烧嘴中心对称分布。由于采用多烧嘴结构,气化炉操作负荷具有很强的可调幅能力。单炉生产能力大,在气化压力为 3.0 MPa 的条件下,单炉气化能力可达 2000~3000t/d 煤。目前,气化烧嘴连续操作的可靠性和寿命不低于 7500h。

(3)干法气化与湿法气化的比较

①干法加压粉煤气化的优点。

a. 干煤粉进料,气化效率高:与湿法进料相比,气化 1 kg 煤至少可以减少蒸发约 0.35 kg 水。

b. 煤种适应性广:从无烟煤、烟煤、褐煤到石油焦均可气化。

c. 气化操作温度高:气化温度为 1 400~1 700 ℃,碳转化率高达 99%,产品气体相对洁净,不含重烃,甲烷含量很低,煤气品质好,煤气中有效气体($CO + H_2$)高达 90% 以上。

d. 与湿法进料水煤浆气化相比,氧气消耗低(15%~25%);单炉生产能力大:目前单炉气化压力 3.0 MPa,日处理煤量已达 2 000 t。

e. 气化炉无耐火砖衬里,运转周期长,维护量少;采用多烧嘴,提高了气化操作的可靠性和生产调幅能力。

f. 环境效益好。因为气化在高温下进行,且原料粒度很小,气化反应进行得极其充分,影响环境的副产物很少,产品气的含尘量低于 2 mg/m^3(标),因此干法粉煤加压气流床工艺属于"洁净煤"工艺。

②干法加压粉煤气化的主要缺点。

a. 受加压进料的影响,最高气化压力没有湿法气化压力高。湿法气化操作压力一般为 2.8~6.5 MPa,最高可达 8.5 MPa,有利于节能。干法气化由于受粉煤加料方式的限制,气化压力一般为 3.0 MPa。

b. 粉煤制备投资高、能耗高,且没有水煤浆制备环境好。粉煤制备对原料煤含水量要求比较严格,需进行干燥,能量消耗高。

c. 安全操作性能不如湿法气化。主要体现在粉煤的加压进料的稳定性不如湿法进料,会对安全操作带来不良影响。湿法气化由于将粉煤流态化(水煤浆),易于加压、输送。

d. 气化炉结构复杂,制造难度大,要求高。

6.3.2　Shell 干煤粉加压气化工艺流程及在线分析仪器配置

(1)U-1100 磨煤及干燥系统

煤流程:原煤和石灰石用皮带从电厂送至本工段的 V1101 碎煤仓和石灰石仓 V1102,再通过称重给料机 X1101 和 X1106 计量后送至微负压的磨煤机 A1101 进行碾磨,并被热风炉 F1101 送过来的 189 ℃的热风所干燥。在磨机上部的旋转分离器 S1102 的作用下,温度为 105 ℃、粒度为 10~90 μm 的煤粉和热气一起从磨机顶部出来,被送至粉煤袋式过滤器 S1103

（大布袋），在此，煤粉被收集下来，分别经旋转给料机 X1105 和螺旋输送机 X1102、X1104 送至粉煤贮仓 V1201。

热风流程：热气从大布袋 S1103 上部出来，经循环风机 K1102 输送至热风炉 F1101，用合成气（原始开车时用柴油）将其从 105 ℃加热至 189 ℃，送往磨煤机 A1101，然后和煤粉一起进入大布袋，如此循环。为避免整个热气循环回路中水分的聚集，根据水分分析数据自动从 11FV0110 处加入污氮降低其露点，如果回路压力上升，部分热气自动从 11PV0109A 处放空。如果系统 O₂含量超标，污氮就会从 11FV0105 或 11FV0106 处加入。

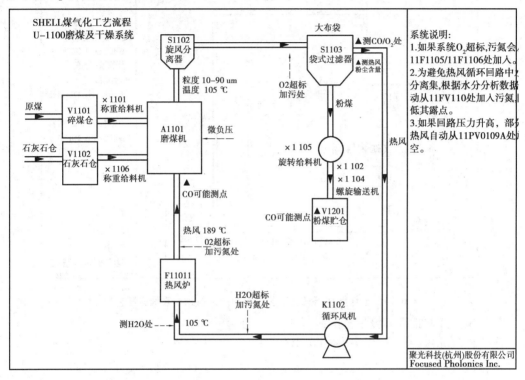

图 6.24　干煤粉加压气化工艺磨煤及干燥系统在线分析方案

各测量点控制指标和测量范围：

①热风氧含量 <7% ~8%（0 ~15% O₂）；

②热风 CO 含量 <200 ~300 ppm（0 ~600 ppmCO）；

③热风湿度控制在：露点 60 ~80 ℃（露点 0 ~100 ℃）；

④烟煤含水量 <2%，褐煤含水量 <6%；

⑤煤粉粒度 100 μm（0.1 mm）；

⑥检测热风含尘量的目的是监视布袋除尘器是否破损泄露（0 ~150 mg/m³）。

（2）U-1200 粉煤加压进料系统

粉煤从粉煤贮仓 V1201 通过重力作用进入煤粉锁斗 V1204。煤粉锁斗 V1204 充满后，将其与所有的低压设备隔离，用高压氮气将其压力升至与煤进料罐 V1205 平衡，再打开煤锁斗与煤进料罐之间平衡管线的连通阀。一旦煤进料罐 V1205 达到低料位，打开锁斗排料阀 12XV0131/0231/0132/0232 卸料。卸料完毕后将锁斗与煤进料罐隔离，将压力分三次卸至接近常压，然后打开锁斗上部的进料阀 12XV0133/0233/0123/0223，接受粉仓的煤粉。锁斗充装完毕后,再次充压,等待下一次的卸料信号。

煤进料罐内温度为 80 ℃、压力为 4.2 MPa 的煤粉在煤循环/给料程序 13KS0011/12/13/14 的控制下,经过计量和调节后分别进入烧嘴。当煤粉循环时,通过减压管减压返回至粉仓。煤进料管的压力通过 12PDICYA0128/0228 分程控制在与气化炉压力成比例,压力低时通过 12PV0128A/0228A 补入氮气,压力高时通过 12PV0128B/0228B 放空至小布袋 S1201。

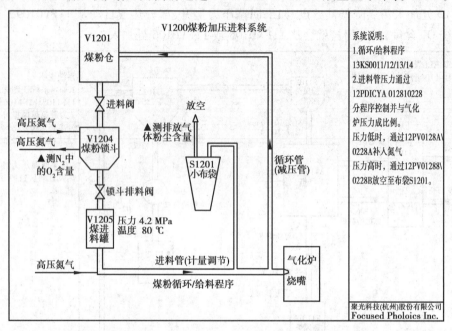

图 6.25 干煤粉加压气化工艺粉煤加压进料系统在线分析方案

各测量点控制指标和测量范围:

①惰性气体氧含量 <7% ~8%(0 ~15% O_2);

②排放气体含尘量(监视布袋除尘器是否破损泄漏)(0 ~100 mg/m^3)。

(3)U-1300 气化系统

气化部分流程:煤进料罐出来的温度为 80 ℃、压力为 4.4 MPa 的煤粉通过煤加速器加速和 13FV0101 的调节送至气化炉;空分送过来的温度为 50 ℃、压力为 4.0 MPa 的氧气经过氧气预热器预热至 180 ℃,与温度为 265 ℃、压力为 4.5 MPa 的自产过热蒸汽进行混合后(压力变为 3.59 MPa、温度为 189 ℃)进入气化炉。以上三种物料在气化炉内 3.5 MPa 压力、1500 ℃温度条件下进行部分氧化反应,气化反应中产生的渣以液态形式经气化炉壁向下流入渣池。生成的以 CO + H_2 为主的合成气从顶部出气化炉,在气化炉出口被激冷压缩机送过来的温度为 209 ℃、压力为 3.54 MPa 的合成气流激冷至 900 ℃,然后合成气经过锅炉系统进行冷却。出锅炉系统温度为 330 ℃、压力为 3.46 MPa 的粗合成气被送往系统。

(4)U-1500 干法除尘系统

排灰流程:从合成气冷却器底部出来的温度为 330 ℃、压力为 3.46 MPa 的粗合成气,通过高温高压陶瓷过滤器 S1501 除去里面的飞灰。洁净的合成气从过滤器顶部出来,分两路送出,一路送往湿洗系统进一步洗涤和冷却,另外少量的合成气送至激冷压缩机。飞灰收集在过滤器底部的灰收集器 V1501,排入灰锁斗 V1502。当积灰计时器走完或锁斗料位高时,

15KS0001程序将关闭灰收集器的排料阀15XV0002、15XV0003,并且将灰收集器与灰锁斗完全隔离,分三次将锁斗压力降至接近常压。然后打开锁斗下料阀15XV0006、15XV0007,将飞灰卸入气提塔冷却器V1504进行气提和冷却。灰锁斗卸完料后,用高压氮气将其压力充至与灰收集器平衡,然后打开它们之间的连通阀和灰锁斗进料阀,开始再一次接灰。

（5）U-1600湿洗系统

合成气流程:从干法除尘系统来的温度为325 ℃、压力为3.38 MPa的合成气,进入文丘里洗涤器J1602,经16FV0012控制的温度为158 ℃、压力为3.7 MPa洗涤水进行初步洗涤,然后进入洗涤塔C1601,通过16FV0015控制的温度为158 ℃、压力为3.7 MPa洗涤水进行最终洗涤。出洗涤塔后温度为150 ℃、压力为3.15 MPa的合成气分成三路,一路经控制阀16PV0008A和切断阀16XV0002送往净化车间;另外两路分别送往激冷压缩机和公用工程的燃料合成气系统。

循环洗涤水流程:洗涤水通过泵P1601在洗涤塔底部和上部之间循环,通过16FV0015控制进入洗涤塔。洗涤水补水由工艺水泵过来的高压工艺水或净化冷凝液提供,通过16FV0014控制,在泵P1601的出口处进入系统;在P1601的出口处引一分支,通过16FV0012控制将洗涤水送入文丘里洗涤器。为避免腐蚀性的物质、固体物质的积聚,从循环回路中连续排出部分循环水,送往U1700的酸性灰浆气提塔进料罐V1701。为除去合成气中的HCl、HF等酸性气体,在文丘里洗涤器洗涤水进口处加入适量的碱。

（6）气化炉洗涤器出口气体组成分析

几种典型的干煤粉加压气化炉工况条件和气化气组成见表6.8。

表6.8　几种典型的干煤粉加压气化炉工况条件和气化气组成表

项目		煤种			
		鹤壁贫煤	义马烟煤	神府烟煤	褐煤
煤质分析	M_{ad}/%	0.86	8.78	9.44	12.8
	A_{ad}/%	13.02	15.32	6.84	3.1
	C_{ad}/%	77.83	58.98	66.14	58.6
	H_{ad}/%	3.95	3.31	3.78	4.1
	S_{ad}/%	0.29	0.82	0.41	0.2
	N_{ad}/%	1.35	0.69	0.94	0.7
	O_{ad}/%	2.70	12.10	12.45	20.5
操作条件	干煤量/$(kg \cdot h^{-1})$	55 461	67 913	61 173	67 322
	氧量$[m^3(标) \cdot h^{-1}]$	40 474	36 571	38 654	38 316
	蒸汽量/$(kg \cdot h^{-1})$	6 000	1 000	0	
	氧气纯度/%	90	90	90	90
	气化温度/℃	1 500	1 450	1 450	1 400
	气化压力/MPa	3.0	3.0	3.0	3.0
粗煤气产量（干）$[m^3(标) \cdot h^{-1}]$		117 017	117 115	118 340	122 114

续表

项目		煤种			
		鹤壁贫煤	义马烟煤	神府烟煤	褐煤
煤气组成	CO/%	66.99	68.05	68.37	60.38
	H_2/%	26.65	26.44	25.92	26.22
	CO_2/%	1.03	0.81	0.89	4.47
	H_2O/%	1.33	0.97	1.03	5.57
	$N_2 + Ar$/%	3.92	3.44	3.66	3.3
	$H_2S + COS$/%	0.08	0.29	0.13	0.07
	CH_4/%	0	0	0	0
气化指标	碳转化率/%	99.2	99.3	99.3	99.3
	冷煤气效率/%	81.1	81.6	82.0	80.75
	$CO + H_2$/%	93.64	94.49	94.29	86.60
	产气率[m^3(标)$\cdot kg^{-1}$]	2.11	1.72	1.93	1.81
	比氧耗[m^3(标)/*]	328	294	308	307
	比煤耗/(kg/*)	499	607	542	601
	比汽耗/(kg/*)	54	8	0	0

洗涤器出口样品组成和工况条件：

CO_2:6.42% H_2:27.36%

CO:64.92% N_2:0.61%

Ar/O_2:0.10% H_2S:0.69%

COS:1100 ppm

湿基含水:12.8%   含尘量:低于 2 mg/m^3(标)

压力:3.8 MPa   温度:196 ℃

Shell 炉气化操作温度高:气化温度为 1400 ~ 1700 ℃,碳转化率高达 99%,产品气体相对洁净,不含重烃,甲烷含量很低,煤气品质好,煤气中有效气体($CO + H_2$)高达 90% 以上。

在线分析项目和仪器选型:

①合成气全组分分析。

每台炉子采用 1 ~ 2 台色谱仪或 1 台质谱仪进行全组分分析。

②合成气 CO_2、CH_4 含量分析。

每台炉子采用 1 ~ 2 台红外分析仪,测量 CO_2、CH_4 含量。

其中,CO_2 的测量务求准确,用以监控炉温,因为此处 CO_2 的含量代表着炉温的高低(产品气中往往不含 CH_4,不能通过 CH_4 含量判断气化反应温度)。

③合成气分析样品处理。

与德士古炉比较,谢尔炉合成气含尘量、含水量要低得多,样品处理较为容易,一般不会出现堵塞现象,除水环节也相对简单。

④气化炉喷嘴烧损泄漏的判断。

气化炉有 4 个喷嘴,未设循环冷却水 CO 监测项目,而是根据冷却水流量是否突变来判断喷嘴是否被烧损泄漏。

6.4　一氧化碳变换在线分析技术

6.4.1　一氧化碳变换工艺

无论以固体、液体或气体燃料为原料,所制取的合成氨原料气中均含有一氧化碳。例如,块煤常压间歇气化制得的半水煤气含一氧化碳 25% ~34% ,水煤浆加压气化制得的水煤气含一氧化碳 44% ~49% ,天然气蒸汽转化制得的半水煤气含一氧化碳 12% ~14% 。一氧化碳不仅不是合成氨所需要的直接原料,而且对氨合成催化剂有毒害。

因此原料气送往合成工序之前必须将一氧化碳彻底清除。生产中通常分两步除去。首先,利用一氧化碳与水蒸气作用,生成氢和二氧化碳的变换反应,除去大部分一氧化碳,这一过程称为一氧化碳的变换反应,反应后的气体称为变换气。通过变换反应既能把一氧化碳转变为易于除去的二氧化碳,同时又可制得等体积的氢,因此一氧化碳变换既是原料气的净化过程,又是原料气制造的继续。然后,再采用铜氨液洗涤法、液氮洗涤法或甲烷化法脱除变换气中残余少量一氧化碳。

在工业生产中,一氧化碳变换反应均在催化剂存在下进行。根据反应温度不同,变换过程分为中温变换和低温变换。中温变换使用的催化剂称为中温变换催化剂,反应温度为 350~550 ℃ ,变换气中仍含有 2% ~4% 的一氧化碳。低温变换使用活性较高的低温变换催化剂,操作温度为 180~260 ℃ ,变换气中残余一氧化碳可降至 0.2% ~0.4% 。

低温变换催化剂虽然活性高,但抗毒性差,操作温度范围窄,所以很少单独使用。采用铜氨液洗涤法或液氮洗涤法清除变换气中残余的一氧化碳时,要求一氧化碳含量小于 4% ,采用中温变换即可;而甲烷化法要求变换气中一氧化碳含量小于 0.5% ,就必须采用中温变换串低温变换的工艺流程。因此,变换过程都有中温变换,而并非所有的变换过程都有低温变换。

变换反应可用下式表示:

$$CO + H_2O(汽) \longleftrightarrow H_2 + CO_2 + Q$$

反应的特点是可逆、放热、反应前后气体体积不变,并且反应速度比较慢,只有在催化剂的作用下才具有较快的反应速度。

6.4.2　一氧化碳变换在线分析技术

(1)变换炉出口气体 CO 含量分析

采用红外分析仪,样品处理技术见天然气制合成氨一节。

（2）废热锅炉炉管烧损泄漏在线监测

气化来的水煤气首先经气液分离器分离夹带的水分,经煤气过滤器除去微量灰分及其他变换有毒物质,再经过与变换气换热后进入第一变换炉。经变换后变换出口 CO 含量小于 0.6%（mol 干基）。

为了充分回收变换余热,降低能耗,变换反应热除用于预热进变换炉的粗煤气外,还用来副产 4.0 MPa、0.5 MPa 饱和蒸汽,4.0 MPa 蒸汽利用一变出口高位热过热到 400 ℃,其余用于预热中压锅炉给水、低压锅炉给水和换热脱盐水。

为了防止废热锅炉被高温气化气体烧损泄漏,造成重大事故,同样需要在线监测废热锅炉过热蒸汽中是否含有 CO,测量方案也有采用红外分析器和采用 CO 毒性气体检测报警器两种。

①采用红外分析仪进行监测的方案。

过热蒸汽温度约 400 ℃,压力 4 MPaG,减压冷却后会全部冷凝成水,如果采用红外分析器监测,则需要用等量的氮气置换取样出来的背景水蒸气。这一方案不但进行等量置换的流量配比系统很难实现,含饱和水汽的氮气除湿干燥系统也十分复杂。

②采用有毒气体检测器进行监测的方案。

如果将过热蒸汽减压冷却后冷凝成水,CO 会从水中逸出进入凝液上方的空气中,将这些空气抽吸出来,稍加除湿后用 CO 毒性气体检测器测量,不但系统简单,造价低廉,同样可满足监视报警的要求。其系统构成如图 6.28 所示。

图 6.26 过热蒸汽 CO 含量监测——样品初级处理系统(套管式水冷却器及气液分离器)

图 6.27 过热蒸汽 CO 含量监测——样品主处理系统(样品除湿干燥系统)

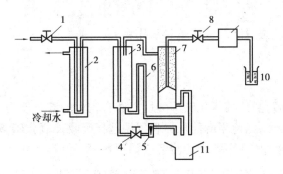

图 6.28　采用有毒气体检测器测量过热蒸汽 CO 含量的方案

1,4,8—针阀;2—水冷器;3—水气分离器;5—转子流量计;6—水封;7—气雾分离器;
9—检测器;10—有毒气体检测器;11—排水地沟

6.5　二氧化碳脱除在线分析技术

6.5.1　二氧化碳脱除方法

在合成氨生产过程中,经变换后气体中一般含有 18% ~ 35% 的二氧化碳,它不仅会使氨合成催化剂中毒,而且给清除少量一氧化碳过程带来困难。因此,合成氨原料气中的二氧化碳必须除去,并应回收利用。习惯上把脱除气体中二氧化碳的过程称为脱碳。

脱碳的方法很多,但均为溶液吸收法。根据所用吸收剂性质的不同,可分为物理吸收法、化学吸收法。

(1)物理吸收法

利用二氧化碳比氢、氮在吸收剂中溶解度大的特性,除去原料气中二氧化碳。常用的方法有低温甲醇法、碳酸丙烯酯法和聚乙二醇二甲醚法。

碳酸丙烯酯法与聚乙二醇二甲醚法脱碳过程基本相同,它们的优点是对二氧化碳、硫化氢等酸性气体有较大的溶解能力,且无毒、无腐蚀性,因此有部分中小型氨厂采用此法。

低温甲醇洗法是在低温下,用甲醇脱除原料气中二氧化碳、硫化氢等酸性气体。甲醇吸收能力大,气体净化度高,我国以重油和煤气为原料的大型氨厂,均采用低温甲醇洗法脱除原料气中酸性气体。

(2)化学吸收法

二氧化碳与碱性溶液进行化学反应而被除去,常用的有氨水法、热钾碱法等。

氨水法是用浓氨水与二氧化碳进行碳化反应,不仅将原料气中二氧化碳除去,同时将氨加工成碳酸氢铵肥料。我国绝大多数小型氨厂及部分中型氨厂,采用氨水法脱碳。

热钾碱法是用加有活化剂(催化剂)的碳酸钾溶液,脱除原料气中二氧化碳。活化剂的种类有多种,例如以氨基乙酸为活化剂时,称为氨基乙酸催化热钾碱法,亦称为氨基乙酸法或无毒脱碳法;以二乙醇胺为活化剂,称为二乙醇胺催化热钾碱法,亦称为本菲尔法。我国以天然气和轻油为原料的大型氨厂,以及部分中型氨厂,均采用热钾碱法脱碳。

6.5.2 低温甲醇洗法脱除二氧化碳和硫化物

（1）基本原理

①吸收原理。

甲醇对二氧化碳、硫化氢、硫氧化碳等酸性气体有较大的溶解能力，而氢、氮、一氧化碳等气体在其中的溶解度甚微，因此甲醇能从原料气中选择吸收二氧化碳、硫化氢等酸性气体，而氢和氮损失很少。不同气体在甲醇中的溶解度如图6.29所示。

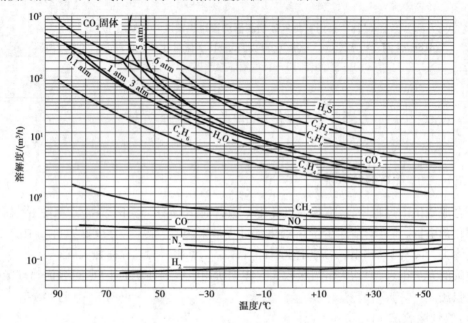

图6.29 不同气体在甲醇中的溶解度（1 atm = 101.325 kPa）

由图6.29可以看出，在甲醇中硫化氢比二氧化碳有更大的溶解度。在甲醇洗过程中，原料气中的硫氧化碳（COS）、二硫化碳（CS_2）等有机硫化物也能被脱除。

由以上的讨论可知，增加压力，降低温度，可以增加二氧化碳在甲醇中的溶解度，降低甲醇的用量。但操作压力过高，对设备强度和材质的要求也高。目前，低温甲醇洗涤法的操作压力一般为2~8 MPa。

在常温下甲醇的蒸气分压很大。为了减少操作中甲醇的损失，也宜采用低温吸收。在生产中，吸收温度一般为 –20 ~ –70 ℃。

经过低温甲醇洗涤后，要求原料气中二氧化碳含量小于20 cm^3/m^3，硫化氢含量小于1 cm^3/m^3。

②再生原理。

吸收二氧化碳气体后的甲醇，在减压加热条件下，解吸出所溶解的气体，使甲醇得到再生，循环使用。由于在同一条件下，硫化氢在甲醇中的溶解度比二氧化碳大，而二氧化碳的溶解度又比氢、氮、一氧化碳等气体大得多，因此用甲醇洗涤含有上述组分的混合气体时，只有少量氢氮气体被甲醇吸收。而采用分级减压膨胀的方法再生时，氢氮气体首先从甲醇中解吸出来，将其回收。然后适当控制再生压力，使大量二氧化碳解吸出来而硫化氢仍旧留在溶液中，得到二氧化碳浓度大于98%的气体，以满足尿素生产的要求，最后再用减压、气提、蒸馏等方法使硫化氢解吸出来,得到硫化氢含量大于 25% 的气体,送往硫黄回收工序。

(2)工艺流程

我国以煤和渣油为原料的大型合成氨厂,采用低温甲醇洗涤法同时脱除原料气中的二氧化碳和硫化物,工艺流程如图 6.30 所示。

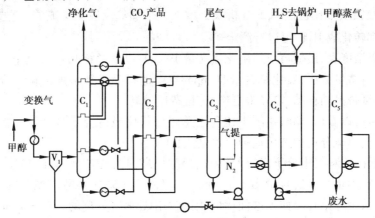

图 6.30　低温甲醇洗工艺流程

C_1—甲醇洗涤塔;C_2—CO_2 解吸塔;C_3—H_2S 浓缩塔;C_4—甲醇再生塔;

C_5—甲醇/水分离塔;V_1—气液分离塔

6.5.3　低温甲醇洗在线分析项目和仪器配置

甲醇洗涤塔出口 CO_2 含量分析:监视脱碳效果,采用微量 CO_2 红外分析仪,测量范围为 0 ~ 20 ppm。

甲醇洗涤塔出口总硫含量分析:监视脱硫效果,采用醋酸铅纸带比色法总硫分析仪,测量范围为 0 ~ 1 ppm 。

二氧化碳解吸塔出口 CO_2 含量分析:由于此处 CO_2 含量达 98% ~ 100%,不宜采用红外分析仪测量,应采用工业色谱仪测出杂质含量,通过差减法求得 CO_2 含量。

甲醇再生塔出口 H_2S 含量分析:采用紫外或激光分析仪,测量范围 0 ~ 60%(正常含量 25%)。

6.5.4　关于脱硫后原料气总硫分析

合成氨、甲醇原料气的脱硫方法很多,但无论采用何种方法,均需采用总硫分析仪对脱硫后原料气中的总硫含量进行在线分析,及时监测脱硫效果并指导工艺操作。

以前,我国引进的大型合成氨装置大多使用工业色谱仪测量脱硫后原料气中的总硫含量,但实际使用效果不太理想。后来,部分氨厂转向使用醋酸铅纸带比色法总硫分析仪,效果较好。

(1)气相色谱法总硫分析仪

在气相色谱仪中配以火焰光度检测器(FPD)进行测量,其优点是可以分别测得原料气中各种硫化物的含量(其他方法只能测得总硫含量),然后通过计算得到总硫含量。

其缺点是:测量灵敏度不高,以横河 GC1 000 为例,其测量范围为 0 ~ 50 ppm,最低量程

0～5 ppm,测量下限 2 ppm;该方法采用外标法校准,需要有各种含硫组分的标气,这一点很难办到。即便有这种标气,当含硫组分数量在 5 个以上时也难以实现定量分析。

总之,该方法对于合成原料气的总硫含量分析不够理想。

(2)醋酸铅纸带比色法总硫分析仪

它是在醋酸铅纸带比色法 H_2S 分析仪上增加一个加氢反应炉构成的,通过加氢反应,将所有的硫化物都转化成 H_2S,再进行测定。

其优点是灵敏度高,最低可以对硫化氢含量 10 ppb 以下的样品进行测定。缺点是:测量范围窄,仅能进行微量分析,硫化氢含量 50 ppm 以上的样品必须增加稀释系统,从而带来测量误差;醋酸铅纸带是消耗品,需经常更换,运行费用较高。

从以上分析可以看出,醋酸铅纸带比色法总硫分析仪最适合于微量硫化物的测量,在合成氨、甲醇原料气总硫分析中选用这种仪器是适宜的。

由于脱硫后的原料气十分干净,样品无须特殊处理,唯一值得注意的是避免样品管线的吸附解吸效应,特别是当总硫含量小于 1 ppm 时,吸附解吸效应会造成显著的测量误差。此时,管材应优先采用硅钢管。如无这种管材,则应采用经抛光处理的 316SS Tube 管。

6.6 原料气净化在线分析技术

6.6.1 净化工艺的类型

经一氧化碳变换和二氧化碳脱除后的原料气,尚含有少量的一氧化碳和二氧化碳。例如碳化后的原料气,除氢、氮和甲烷外,还含有 3% 左右的一氧化碳、0.1% ～0.3% 的二氧化碳、0.1% ～0.2% 的氧和微量的硫化氢等有害气体。这些有害气体如不彻底清除,就会使氨合成催化剂中毒。因此,原料气送往合成之前,还需要有一个最后净化的步骤。一般大型合成氨厂要求入合成工序的原料气中一氧化碳和二氧化碳总量(通常称为微量)小于 10 cm^3/m^3,中、小型厂要求小于 25 cm^3/m^3。

由于一氧化碳不是酸性也不是碱性气体,在各种无机、有机液体中的溶解度又很小,所以要脱除少量一氧化碳并不容易。目前常用的方法有以下几种。

(1)铜氨液洗涤法

此法采用含有铜盐的氨溶液吸收原料气中少量一氧化碳,可使一氧化碳含量降至 10 cm^3/m^3 以下,同时还能除去原料气中少量二氧化碳、硫化氢和氧。通常把铜氨液吸收一氧化碳的操作称为"铜洗"或"精炼"。目前,我国大多数小型氨厂及部分中型氨厂采用铜氨液洗涤法。

(2)甲烷化法

此法是在适当的温度和有催化剂存在的条件下,一氧化碳和二氧化碳与氢作用生成甲

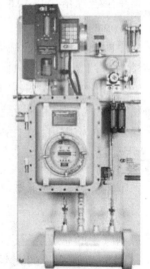

图 6.31 Galvanic 公司 903 型醋酸铅纸带比色法总硫分析仪

烷,使一氧化碳和二氧化碳的总量降至 10 cm³/m³ 以下。由于反应中要消耗氢气,并生成甲烷,因此只有当原料气中(CO + CO₂) <0.7% 才可采用此法。直到实现低温变换工艺以后,才为一氧化碳的甲烷化提供了条件。与铜洗法相比,甲烷化法具有工艺简单、操作方便、费用低等优点。我国大多数大型氨厂及部分中型氨厂,采用甲烷化法。

(3)液氮洗涤法

此法是用液体氮洗涤原料气,可使一氧化碳含量降至 10 cm³/m³ 以下,并能同时除去甲烷和氩,能比铜洗法制得纯度更高的氢氮混合气。目前,我国以重油和煤为原料的大型氨厂,均采用液氮洗涤法。

6.6.2　液氮洗涤法

液氮洗涤法与铜洗法及甲烷化法相比,最突出的优点是除了能脱除一氧化碳外,还能同时脱除甲烷和氩,使原料气中惰性气体降到 100 cm³/m³ 以下。这样,不但减少了合成循环气的排放量,降低了氢氮损失,而且也提高了合成催化剂的产氨能力。但此法独立性较差,需要液体氮,只有与设有空气分离装置的重油、煤气化制备合成氨原料气或焦炉气分离制氢的流程结合使用,在经济上才比较合理。在实际生产中,液氮洗往往和空分、低温甲醇洗组成联合装置,这样冷量利用合理,原料气净化流程简单。

(1)基本原理

以重油或煤为原料,采用氧气和蒸汽为气化剂制取的原料气,经过变换、脱硫及脱碳后,主要成分是氢,其次还含有氮及少量一氧化碳、甲烷和氧等成分。这些气体在不同压力下的沸点及蒸发热见表6.9。由表可见,各组分的沸点(即冷凝温度)相差较大,其中氢的沸点最低,氮的沸点又比一氧化碳、氧和甲烷低。

表6.9　某些气体在不同压力下的沸点和蒸发热

气体名称	沸点/ ℃				在 0.101 MPa 下蒸发热/(kJ · kg⁻¹)
	0.101 MPa	1.013 MPa	2.026 MPa	3.039 MPa	蒸发热/(kJ · kg⁻¹)
二氧化碳	−78.2	−41	−20	−7	573.2
乙烯	−103.8	−56	−29	−13	482.8
甲烷	−161.4	−129	−107	−95	244.3
氧	−182.9	−153	−140	−131	212.9
氩	−185.7	−156	−143	−135	152.3
一氧化碳	−191.5	−166	−149	−142	215.9
氮	−195.8	−175	−158	−150	199.6
氢	−252.7	−244	−238	−235	456.1

液氮洗涤法脱除一氧化碳属于物理过程,是根据一氧化碳具有比氮的沸点高,以及液态CO能溶解在液体氮中的特性,在洗涤塔中液体氮与原料气接触时,一氧化碳被冷凝下来,同时部分液氮蒸发。由于甲烷、氩和氧的沸点均比氮高,因此在脱除一氧化碳的同时也可将这

些组分除去,从塔顶得到一氧化碳含量小于 $10\ cm^3/m^3$、惰性气体含量小于 $100\ cm^3/m^3$ 的纯氢氮气。一氧化碳、甲烷等杂质的冷凝液和液氮一起从洗涤塔底排出,称为含一氧化碳馏分。因为原料气中一氧化碳含量很少,且氮的蒸发热与一氧化碳的冷凝热相差很小,故可以将洗涤过程看作是恒温、恒压过程。

(2) 工艺流程

液氮洗工艺流程因操作压力、冷源的补充方式以及是否与空分、低温甲醇洗联合而各有差异。我国以煤和渣油为原料的大型合成氨厂,液氮洗工艺流程如图 6.32 所示。

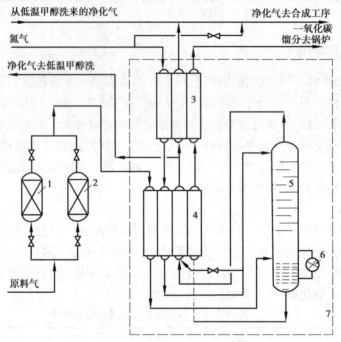

图 6.32　液氮洗工艺流程

1、2—吸附器;3—氮冷却器;4—原料气冷却器;5—液氮洗涤塔;
6—液位计;7—冷箱

由低温甲醇洗工序来的原料气压力为 7.7 MPa 左右,温度为 $-57 \sim -60\ ℃$,组成为:H_2 95.27%、CO 3.73%、N_2 0.23%、Ar 0.53%、CH_4 0.24% 以及微量甲醇和二氧化碳。原料气首先经过装有合成沸石(分子筛)的吸附器将二氧化碳和甲醇等杂质除去,然后进入冷箱。在冷箱内,经原料气经冷却器冷却到接近 $-190\ ℃$,进入液氮洗涤塔。

在塔内,原料气中的一氧化碳、甲烷及氩等组分被塔顶加入的过冷液氮所吸收。从塔顶排出的净化气含氢91%、含氮9%,温度 $-192\ ℃$,与温度为 $-188\ ℃$ 的液氮混合(第一次配氮)后,进入原料气冷却器以冷却进液氮洗的原料气。

然后,净化气大部分送往低温甲醇洗进一步回收冷量,另一部分进入氮气冷却器使从空分工序送来的氮气冷却并液化,而本身被加热到常温,与从低温甲醇洗返回的净化气汇合再加入氮气(第二次配氮),调整氢氮比后送往合成工序。出系统的净化气组成为:H_2 74.99%,N_2 25.1%,CO 5 cm^3/m^3,Ar 41 cm^3/m^3,CH_4 cm^3/m^3。

由空分来的氮气经冷却器和原料气冷却器,被低温净化气体冷却并液化,其中一部分与净化气混合作配氮用,另一部分去液氮洗涤塔作洗涤用。从塔底排出的一氧化碳馏分组成为:CO 44.4%、N_2 4.95%、H_2 13.47%、Ar 6.34%、CH_4 2.84%,压力 7.6 MPa 左右,出塔后膨胀到 0.15 MPa 左右,经原料气冷却器和氮冷却器回收冷量后,送往锅炉作燃料用。

在生产中,由于冷箱的冷损失以及热冷物料换热不完全所造成的冷损失,可以采取以下两种办法补偿:一是在低温配氮时,依靠高压氮节流膨胀产生冷量;二是依靠一氧化碳馏分膨胀和气化提供冷量。在正常生产时,不需要从外界补充冷量,只有开车时,才由空分供给液氮,以加速冷却过程。

6.6.3　原料气净化在线分析技术

液氮洗出口净化气中微量 CO、CO_2 的在线分析对合成氨生产十分重要,因为微量的 CO 和 CO_2 就会使氨合成催化剂中毒。一般大型合成氨厂要求入合成塔的原料气中 CO 和 CO_2 的总量小于 10 ppm V。

净化气 CO 含量分析,采用微量 CO 红外分析仪,测量范围 0 ~ 10 ppm。

净化气 CO_2 含量分析,采用微量 CO_2 红外分析仪,测量范围 0 ~ 10 ppm。

应选用气动检测器(薄膜电容或微流量检测器)的双光路红外分析器,并应增加大气压力补偿装置,避免经测量气室后放空的气样受大气压力波动的影响,使气室中气样的密度发生变化,从而造成附加误差。

有些工艺对工艺气中 CO 和 CO_2 的总量要求更低,甚至低于 5 ppm V,红外分析器已很难满足这一要求。此时,可考虑采用工业色谱仪进行测量,用 FID 检测器 + 甲烷化器的模式,测量下限可达到 10 ~ 100 ppb 数量级。

6.7　氨的合成与在线分析技术

氨合成的化学反应式如下:

$$3/2H_2 + 1/2N_2 \longleftrightarrow NH_3 + Q$$

这一化学反应是可逆、放热、体积缩小的反应,反应需要有催化剂才能较快的进行。目前国内外广泛使用铁催化剂。铁催化剂在还原之前,以铁的氧化物状态存在,其主要成分是三氧化二铁(Fe_2O_3)和氧化亚铁(FeO)。此外,催化剂中还加入各种促进剂。

由于压缩机形式、操作压力、氨分离的冷凝级数、热能回收形式以及各部分相对位置的差异,氨合成工艺流程也不相同。氨合成操作压力可以在很大的范围内选择。

6.7.1　大型氨厂合成工艺流程

(1)凯洛格氨合成工艺流程

图 6.33 是凯洛格 15 MPa 氨合成系统工艺流程。由甲烷化工序来的新鲜氢氮气在 38 ℃左右、2.5 MPa 左右的压力下进入合成气压缩机 1 的低压缸,压缩到 6.3 MPa 左右,温度升至 172 ℃左右。

气体经甲烷化换热器 3、水冷器 4 及氨冷器 5,逐步冷却至 8 ℃左右,同时将其中大部分水分冷凝下来,然后进入段间分离器 6,分离出水分后,气体进入压缩机的高压缸。高压缸内有 8 个叶轮,气体经 7 个叶轮压缩后与循环气在缸内混合,继续在最后一个叶轮(又称循环段)压缩到 15 MPa 左右,温度为 69 ℃左右。循环气含氨 12%左右,与新鲜气混合后浓度降到 10%左右。

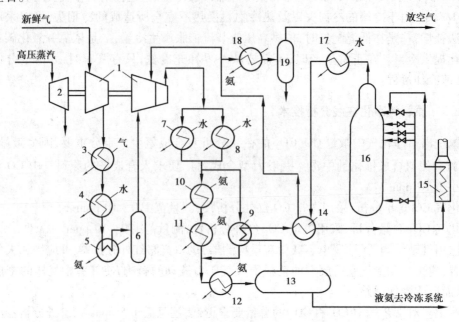

图 6.33 凯洛格 15 MPa 氨合成系统工艺流程

1—合成气压缩机;2—汽轮机;3—甲烷化器换热器;4,7,8—水冷器;5,10,11,12—氨冷器;6—段间液滴分离器;9—冷热换热器;13—高压氨分离器;14—热热换热器;15—开工加热炉;16—氨合成塔;17—锅炉给水预热器;18—放空气氨冷器;19—放空气分离器

由循环段出来的气体首先进入两台并联的水冷器 7 和 8,冷却到 38 ℃左右,汇合后又分为两路,一路经一级氨冷器 10 和二级氨冷器 11。一级氨冷器 10 中液氨在 13 ℃左右蒸发,将气体温度降至 22 ℃左右;二级氨冷器 11 中液氨在 -7 ℃左右蒸发,将气体进一步冷却到 1 ℃左右。

另一路气体在冷热交换器 9 中与高压氨分离器 13 来的 -23 ℃左右的气体换热,温度降至 -9 ℃左右。两路气体混合后温度为 -4 ℃左右,再经过第三级氨冷器 12,利用在 -33 ℃下蒸发的液氨将气体进一步冷却到 -23 ℃左右,气氨大部分冷凝下来,然后在高压氨分离器 13 中与气体分离。

由高压氨分离器出来的气体含氨 2%左右,温度约 -23 ℃,经冷热换热器 9 和热热换热器 14 预热到 141 ℃左右,进入轴向冷激式合成塔 16。

合成塔内有一换热器和四层催化剂,为控制各层温度,设有一条冷副线及三条冷激线,把一部分未经换热器换热的气体送入第一、二、三、四层入口。合成塔出口气体含氨 12%左右,温度为 284 ℃左右,经锅炉给水预热器 17 降到 166 ℃左右,再经热热换热器 14 降到 43 ℃左右,回到合成气压缩机高压缸最后一个叶轮,与补充的新鲜氢氮气在缸内混合,形成了循环回路。

为了控制循环气中惰性气体的浓度,在循环气进压缩机前排放一部分气体。放空气先在氨冷器 18 把绝大部分氨冷凝下来,经放空气分离器 19 分离后,氨作为产品回收,气体送往燃料系统。

（2）宇部兴产氨合成工艺流程

图6.34为宇部兴产22.6 MPa氨合成系统工艺流程。由液氮洗工序来的新鲜原料气压力7.3 MPa左右，温度30 ℃左右，含氢74.99%、氮25.01%、氩41 cm³/m³、氨6 cm³/m³，与自氨闪蒸器10来的闪蒸气混合后，经离心式合成气压缩机1的低压段压至14.6 MPa左右，经段间水冷器2冷却后进入高压段压缩到21.3 MPa左右，与氨分离器9来的循环气汇合后，进入压缩机的循环段压至22.8 MPa左右。

出循环段的气体含氨3.9%左右，经外部换热器3预热到140 ℃左右，进入两段冷激径向合成塔4。合成塔出口气体含氨16.2%左右，温度325 ℃，经过锅炉给水预热器5、外部换热器3、水冷器6、冷热换热器7、氨冷器8后温度降到10 ℃左右，其中绝大部分氨冷凝下来，经分离器9分离。气体含氨4.9%左右，经冷热换热器后温度上升至31 ℃左右，进入压缩机循环段。

由氨分离9排出的液氨减压到7.3 MPa左右，送往氨闪蒸槽10，溶解在液氨中的大部分氢、氮气被闪蒸出来，送往合成气压缩机低压段。闪蒸槽内的液氨作为产品送往液氨贮槽。

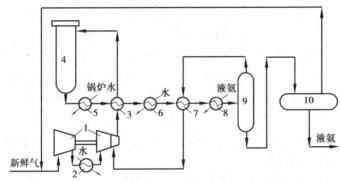

图6.34　宇部兴产22.6 MPa氨合成系统工艺流程

1—合成气压缩机；2、6—水冷器；3—外部换热器；4—氨合成塔；
5—锅炉给水预热器；7—热热换热器；8—氨冷器；9—氨分离器；
10—氨闪蒸槽

6.7.2　在线分析项目和仪器配置

一般是采用工业色谱仪对以下几个样品流路进行分析：

新鲜气，即经液氮洗净化后的合成气，测量成分：H_2、N_2、Ar、CH_4。

合成塔进口气，即循环气和新鲜气混合后送合成塔的原料气，测量成分：H_2、N_2、Ar、CH_4、NH_3。

合成塔出口气，测量成分：H_2、N_2、Ar、CH_4、NH_3。

循环气，即离开氨分离器返回合成塔的合成气，测量成分：H_2、N_2、Ar、CH_4、NH_3。

驰放气，即惰性气体Ar和CH4累积含量超过一定程度后放空的气体，测量成分：H_2、N_2、Ar、CH_4、NH_3。

也有的装置采用工业质谱仪替代色谱仪进行快速分析。

6.8 天然气制合成氨工艺与在线分析技术

6.8.1 气态烃蒸气转化法制取合成氨原料气

目前,以气态烃原料生产合成氨原料气的方法,主要采用蒸汽转化法。蒸汽转化法分两段进行。先在一段炉装有催化剂的转化管内,蒸汽与气态烃进行吸热的转化反应,反应所需热量由管外供给。气态烃转化到一定程度后,送入装有催化剂的二段炉,加入适量空气,与部分可燃性气体燃烧,为剩余烃进一步转化提供热量,同时为合成氨的生产提供了氮气,得到半水煤气。此法不用氧,投资省、能耗低,是生产合成氨最经济的方法。以轻油为原料,制取合成氨原料气的方法一般是将轻油加热转变为气体,再采用蒸汽转化法。

(1)天然气蒸汽转化工艺流程

甲烷蒸汽转化反应过程很复杂,但主要为蒸汽转化反应和一氧化碳的变换反应,即:

$$CH_4 + H_2O \longleftrightarrow CO + 3H_2 - 206.4 \text{ kJ}$$

$$CO + H_2O \longleftrightarrow CO_2 + H_2 + 41 \text{ kJ}$$

图 6.35 为大型氨厂天然气蒸汽转化工艺流程。给压力为 3.6 ~ 3.8 MPa 的原料天然气配入 0.25% ~ 0.5% 的氢气,在一段炉对流段预热到 380 ~ 400 ℃,经钴钼加氢反应器将有机硫转化为硫化氢,再经氧化锌脱硫罐除去,使天然气中的总硫含量降到 0.5 ppm 以下。

脱硫后的天然气与压力为 3.8 MPa 左右的中压蒸汽混合,水碳比保持在 3.5 左右,在对流段换热器中加热到 500 ~ 520 ℃ 后,从一段炉辐射段进入各转化管,气体自上而下流经催化剂,进行吸热的甲烷蒸汽转化反应。

由反应管底部出来的转化气温度为 800 ~ 820 ℃,压力为 3.1 MPa 左右,甲烷含量约 9.5%,汇合于集气管,再沿着集气管中间的上升管上升,继续吸收一些热量,温度升到 850 ~ 860 ℃,经输气总管送往二段转化炉。

空气经压缩机加压到 3.3 ~ 3.5 MPa,配入少量蒸汽,在对流段预热到 450 ℃ 左右,进入二段炉顶部与一段转化气汇合,在顶部燃烧区燃烧,放出热量,使气体温度升到 1200 ℃ 左右。然后通过催化剂床层继续进行甲烷的蒸汽转化反应,离开二段炉的转化气温度约 1000 ℃,压力 3 MPa 左右,残余甲烷含量小于 0.5%,$(H_2 + CO)/N_2 = 3.1 ~ 3.2$。

二段转化炉的空气加入量,主要应该满足转化气中 $(H_2 + CO)/N_2 = 3.1 ~ 3.2$ 的要求。当生产负荷一定时,空气的加入量基本不变,因此燃烧反应放出的热量也就一定。

二段炉空气加入量和一段炉出口甲烷含量直接影响二段炉温度。当空气量加大时,燃烧反应放出的热量多,炉温高;一段炉出口气体中甲烷含量高,在二段炉内转化吸收的热量多,炉温下降。在保证转化气氢氮比的前提下,为了使空气与可燃性气体燃烧放出的热量等于甲烷转化时所吸收的热量,即能维持二段炉的自热平衡,一段炉出口气体中甲烷含量必须控制在 11% 以下。

一般情况下,一、二段转化气中残余甲烷量分别按 10%、0.5% 设计。典型的二段转化炉进出口气体组成见表 6.10。

从二段炉出来的转化气先进入两台并联的第一废热锅炉,接着又进入第二废热锅炉,这

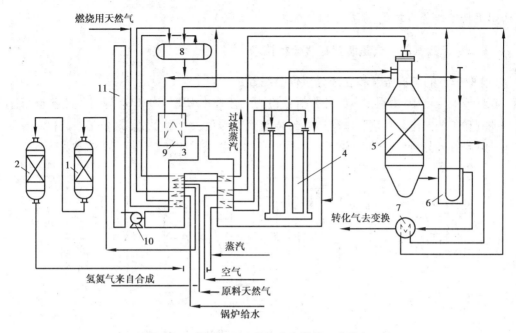

图 6.35　大型氨厂天然气蒸汽转化工艺流程

1—钴钼加氢反应器;2—氧化锌脱硫罐;3——段炉对流段;4——段炉辐射段;5—二段转化炉;
6—第一废热锅炉;7—第二废热锅炉;8—汽包;9—辅助锅炉;10—引风机;11—烟囱

三台锅炉都产生高压蒸汽。转化气本身温度降到 370 ℃左右,送往变换工序。

燃料用天然气经对流段预热后,从一段转化炉辐射段顶部烧嘴喷入并燃烧,高温烟道气自上而下流动,与转化管内的气体流向一致,将热量传给转化管内的气体。离开辐射段的烟道气温度在 1 000 ℃以上,进入对流段后,依次流经排列在对流段内的混合气预热器、空气蒸汽预热器、蒸汽过热器、原料天然气预热器、锅炉给水预热器和燃烧天然气预热器后,温度降到 250 ℃左右,用引风机经烟囱排往大气。

表 6.10　二段转化炉进、出口转化气组成(体积)/%

组分	H_2	CO	CO_2	CH_4	N_2	Ar	合计
进口	69.0	10.12	10.33	9.68	0.87	—	100
出口	56.4	12.95	7.78	0.33	22.26	0.28	100

(2)主要设备

①一段转化炉。一段转化炉由若干转化管、炉膛的辐射段和回收热量的对流段等组成。炉外壁用钢板制成,内衬耐火层。转化管竖排在炉膛内,管内装催化剂。含烃原料气和水蒸气的混合物由顶部进入转化管,自上而下通过催化剂进行转化反应。炉顶或侧壁设有若干烧嘴,燃烧气体燃料或液体燃料,产生的热量以辐射的方式传给转化管。

②二段转化炉。二段转化炉壳体为碳钢制成的立式圆筒,内衬耐火材料,炉外有水夹套。一段转化气从顶部的侧壁进入炉内,与从炉顶进入的空气混合,并在催化剂上部空间迅速燃烧,使气体温度升到 1 200 ℃左右。为了避免火焰直接冲击催化剂,床层上铺有带孔的六角形耐火砖。催化剂层上部为耐高温的铬催化剂,下层是镍催化剂。高温气体自上而下通过催化

剂床层进行甲烷蒸汽转化反应,出口气体温度为 1 000 ℃左右。

6.8.2　天然气制合成氨装置在线分析技术

(1)取样点的工况条件和在线分析仪器配置

在合成氨生产中,采用多台红外分析仪检测工艺气中 CH_4、CO、CO_2 等组分的含量,对生产过程控制和工艺操作起着重要作用。图6.36是烃类转化法大型合成氨装置工艺流程示意图,图中①—⑥是红外分析仪取样点的位置,各取样点的工艺条件和红外分析有关参数见表6.11。

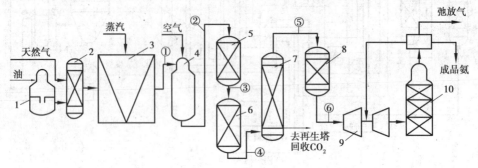

图 6.36　烃类转化法大型合成氨装置工艺流程示意图

1—气化炉;2—脱硫塔;3——段转化炉;4—二段转化炉;5—高温变换炉;
6—低温变换炉;7—CO_2吸收塔;8—甲烷转化炉;9—多段离心压缩机;10—氨合成塔

表 6.11　各取样点的工艺条件和红外分析有关参数

序号	取样点位置	分析对象	量程/%	控制值/%	工艺条件		含水量/%
					温度/℃	压力/MPa	
①	一段转化炉出口	CH_4	0 ~ 15	8.85	790	3.1	41.18
②	二段转化炉出口	CH_4	0 ~ 1	0.3	360	2.9	11.89
③	高温变换炉出口	CO	0 ~ 5	3.1	423	2.9	4.20
④	低温变换炉出口	CO	0 ~ 1.5	0.41	237	2.7	1.96
⑤	脱碳吸收塔出口	CO_2	0 ~ 1	<0.1	316	2.6	0.9
⑥-1	甲烷化炉出口	CO_2	0 ~ 50 ppm	<3 ppm	38	2.6	0.25
⑥-2	甲烷化炉出口	CO	0 ~ 50 ppm	<3 ppm	38	2.6	0.25

除上表所列取样点之外,烃类转化法大型合成氨装置尚有以下在线分析点:

原料天然气组成分析,主要是检测 C_1 ~ C_6 烃类的含量,用于进行一段转化炉的水碳比控制,采用气相色谱仪或质谱仪。

天然气经干法脱硫后,进一段转化炉之前的总硫含量分析,采用 FPD 气相色谱仪或醋酸铅纸带法总硫分析仪。

一段转化炉烟道气氧含量分析,用于燃烧控制,采用抽吸式氧化锆氧分析器。这种分析器在氧化锆探头之前增加了一个可燃性气体检测探头,可同时测量烟气中的氧含量和可燃性气体 CH$_4$ 的含量。

合成工段新鲜气、循环气、进塔气、出塔气、弛放气的组成分析,采用气相色谱仪。

废热锅炉蒸汽的电导率(含盐量)分析,采用工业电导仪测量。

图 6.37　天然气蒸汽转化法合成氨装置——一段转化炉、二段转化炉、变换部分

图 6.38　天然气蒸汽转化法合成氨装置
——脱碳、甲烷化部分

图 6.39　天然气蒸汽转化法合成氨装置
——合成部分

(2)转化、变换出口红外分析仪样品处理系统的设计

从表 6.11 中可以看出,转化、变换、脱碳出口气体高温、中压,其中转化、变换出口气体含水量达 30% 以上,最高时可达 60%,属于高含水的气体。甲烷化炉(精制)出口气体温度仅

38 ℃,含水量 0.25%(2500 ppmV),在常温下远未达到饱和状态,应不会有水析出。但在实际运行中,特别是工艺不稳定或环境温度较低时,样品处理系统经常带水,严重威胁红外分析仪的正常运行。

当样气含水且湿度较大时,主要危害有以下几点:

①当水分冷凝在红外检测气室的晶片上时,会产生较大的测量误差。

②样气中存在水分会吸收红外线,从而给测量造成干扰。水分在 $1 \sim 9 \mu m$ 波长范围内有连续的吸收波长,而且其吸收波谱和许多组分的特征吸收波谱往往重叠,即使用滤波气室和滤光片,也不能消除这种干扰。在进行微量分析时,这种干扰是不容忽视的。

③水分存在会增强样气中腐蚀性气体的腐蚀作用。

对于合成氨装置的在线红外分析仪来说,样品处理系统要解决的主要问题是除水脱湿,常用和较好的方法是采用冷却器降温除水。

图6.40是合成氨装置红外分析仪样品处理系统的一种典型方案,适用于转化、变换出口样气的处理。

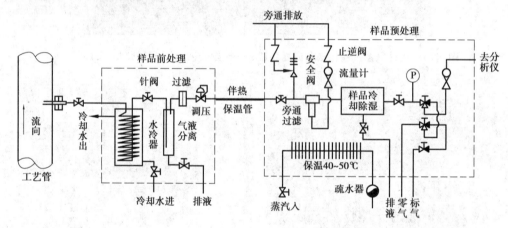

图6.40 合成氨装置红外分析仪样品处理系统图

该系统的样品处理过程如下:

①样气取出后,首先用水冷器降温除水,样气流经水冷器后的温度可降至 30 ℃ 左右,在标准大气压力下 30 ℃ 饱和样气中的含水量约为 4% Vol。由于此时样气的压力较高,其实际含水量还要低一些。

应将减压阀安装在气液分离器之后,而不应置于其前,这样可使样气在带压状态下进行分离,以增强除水效果。图中的气液分离器采用旁通方式排液,针阀微开,由少量样气携带冷凝水排出,其作用是提高排液速度并降低分离器的容积滞后。

②样气由伴热保温管线传送至预处理系统,样品温度应保持在 40~50 ℃。

③样气在预处理系统中旁通分流后,分析流路的样品经冷却器进一步降温除湿,然后送红外分析仪进行检测。冷却器可采用压缩机式、半导体式或涡旋管式,一般是将样品温度降至 5 ℃ 左右,此时样品的含水量约为 0.85%(8 500 ppm)。降温后的样品在预处理箱中再加热升温,使其温度高于除湿后的露点温度至少 10 ℃,进入红外分析气室后便不会产生冷凝现象了。(红外分析仪恒温在 40~50 ℃ 下工作,远高于样气的露点温度。)

微量分析时应采用带温控系统的冷却器,将样品温度即其含水量控制在某一恒定值,使它对待测组分产生的干扰恒定,造成的附加误差属于系统误差,可以从分析结果中扣除。

以前,这一步常采用干燥剂吸湿除湿,但各种干燥剂往往同时吸附其他组分,吸附量又受温度、压力变化的影响,弄得不好反而会增大附加误差,这种方法仅适用于要求不高的常量分析。在微量分析或重要的分析场合,均应采用冷却器降温除湿。

脱碳、精制(甲烷化)出口样气的处理,也可采用该方案,但其中的水冷环节可以省去

(3)精制出口净化气中微量 CO、CO_2 的在线分析

精制出口净化气中微量 CO、CO_2 的在线分析对合成氨生产十分重要,因为微量的 CO 和 CO_2 就会使氨合成催化剂中毒。一般大型合成氨厂要求入合成塔的原料气中 CO 和 CO_2 的总量小于 10 ppm V。

净化气中的微量 CO、CO_2 通常用红外分析器测量,应选用气动检测器(薄膜电容或微流量检测器)的双光路红外分析器,并应增加大气压力补偿装置,避免经测量气室后放空的气样受大气压力波动的影响,使气室中气样的密度发生变化,从而造成附加误差。

有些工艺对工艺气中 CO 和 CO_2 的总量要求更低,甚至低于 5 ppm V,红外分析器已难满足这一要求。此时,可考虑采用工业色谱仪进行测量,用 FID 检测器 + 甲烷化器的模式,测量下限可达到 10 ~ 100 ppb 数量级。

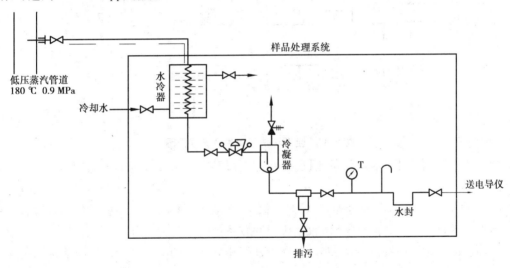

图 6.41　废热锅炉蒸汽凝液电导率(含盐量)测量样品处理系统图

(4)废热锅炉蒸汽凝液电导率测量样品处理系统的设计(略)

6.9　尿素合成与在线分析技术

6.9.1　尿素合成生产工艺简介

(1)尿素合成反应原理

氨和二氧化碳合成尿素的反应是在液相中分为两步进行的。

第一步,液氨和二氧化碳反应生成液体氨基甲酸铵,称为甲铵生成反应:

$$2NH_3(l) + CO_2(g) \leftrightarrow NH_4COONH_2(l)$$

这是一个快速、强烈放热的可逆反应。

第二步为甲铵脱水生成尿素,称为甲铵脱水反应:

$$NH_4COONH_2(l) \leftrightarrow CO(NH_2)_2(l) + H_2O(l)$$

这是一个微吸热的可逆反应,反应速率缓慢,需在液相中进行,是尿素合成中的控制反应。这个反应只能达到一定的化学平衡,一般平衡转化率为 50% ~ 70%,其接近于平衡时的反应速率取决于反应的温度和压力。

(2)尿素合成生产工艺

现代尿素生产均采用全循环法,即将每次通过反应器(合成塔)而未转化为尿素的 NH_3 和 CO_2 回收送回合成塔。为此,合成塔排出液(含尿素、氨和二氧化碳的水溶液)要先进行加工,分离成较为纯净的尿素水溶液和未反应的 NH_3、CO_2、H_2O 的混合物。前者通过蒸发、浓缩、结晶或造粒而制成颗粒状尿素产品。后者经过循环回收,以溶液形式送回合成塔。全循环法尿素生产流程如图 6.42 所示。

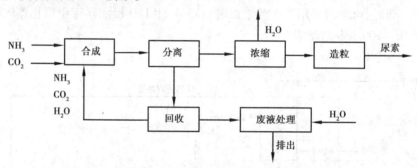

图 6.42　全循环法尿素生产流程框图

全循环法依照循环回收方法的不同又分为几种,其中以水溶液全循环法和气提法发展最快,建厂最多。

图 6.43 是典型的水溶液全循环法原则流程。NH_3 和 CO_2 在高压合成器中进行反应,部分转化为尿素,接着进入分离循环回收系统。回收系统按压力分为几个等级,各自形成循环,每一循环包括液相反应物的分解和分离,和以及气相分解物的吸收和冷凝。含有尿素的物流从较高压力的循环流入下一压力等级的循环,直至成为基本不含 NH_3 和 CO_2 的尿素溶液。从各级循环中分出的未反应物则通过吸收、冷凝等方式转为液相,再逐级逆向地从低压送往高压,最后返回合成塔,重新参与反应而得到利用。

我国以前建设的中、小氨厂尿素装置多采用水溶液全循环法,但汽提法技术经济指标比较先进,后来建设的大型氨厂尿素装置已普遍采用汽提法工艺。根据汽提介质的不同,又可分为二氧化碳汽提法、氨汽提法等,图 6.44 是两种汽提法尿素生产原则流程。

汽提法的实质是:在与合成反应相等压力的条件下,利用一种气体通过反应物(同时伴有加热),使未反应的 NH_3 和 CO_2 被带出,这就是汽提过程。汽提出来的气体冷凝为液体,这样可使相当多的未反应的氨和二氧化碳不经降压而直接返回合成塔(物流阻力损失是需要克服的),缩短了物流的循环圈,大大减轻了中、低压循环的负荷,而且由于汽提气的冷凝温度很高,能量回收利用更为完全。

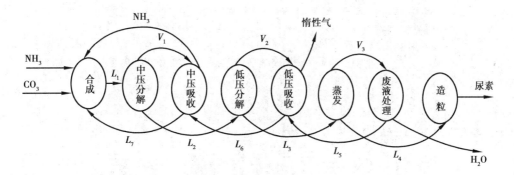

图 6.43 水溶液全循环法尿素生产原则流程

L_1, L_2, L_3, L_4——液相流(Ur,NH_3,CO_2,H_2O)

L_5, L_6, L_7——液相流(含 NH_3,CO_2,H_2O)

V_1, V_2, V_3——气相流(含 NH_3,CO_2,H_2O)

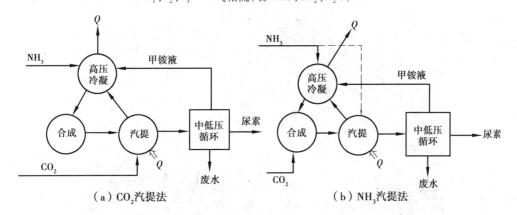

（a）CO_2汽提法 （b）NH_3汽提法

图 6.44 两种汽提法尿素生产原则流程

（3）尿素合成工艺条件

影响尿素合成平衡转化率的因素,也是尿素合成塔正常运行的工艺参数,包括反应温度、氨碳比、水碳比、操作压力、反应物料停留时间和惰性气体含量等。

①反应温度。

采用 316L 不锈钢及钛材的合成塔,规定的操作温度为 185 ~ 200 ℃。

②氨碳比。

氨碳比是指反应物料中 NH_3/CO_2 的物质的量比,"氨过量率"是指反应物料中的氨量超过化学计量的百分数。当原料中氨碳比为 2 时,则氨过量率为 0;当原料中氨碳比为 4 时,氨过量率为 100%。

NH_3 过量能提高尿素的转化率,而 CO_2 过量时却对尿素转化率没有影响,这是因为过量的 NH_3 将促使 CO_2 转化,还能与脱出的 H_2O 结合生成 NH_4OH,相当于移去了部分产物,可以促使平衡向生成尿素方向移动。过剩氨还会抑制甲铵的分解和尿素的缩合等有害的副反应,也有利于提高转化率。因此,工业操作一般采用氨过量率为 50% ~ 150%,即氨碳比在 3 ~ 5 范围之内。

171

图 6.45　二氧化碳汽提法尿素合成塔和造粒塔

③水碳比。

水碳比是指合成塔进料中 H_2O/CO_2 物质的量的比。水的来源有两方面：一是尿素合成反应的产物；二是随同回收未反应的 NH_3 和 CO_2 一同带入合成塔中的水。从平衡移动原理可知，水量增加，不利于尿素生成。水碳比增加，返回合成塔的水量也增加，这将使尿素平衡转化率下降并造成恶性循环。工业生产中，总是力求控制水碳比降低到最低限度，以提高转化率。

水溶液全循环法中，水碳比一般为 $0.7 \sim 1.2$；CO_2 汽提法中，汽提分解气在高压下冷凝，返回合成塔系统的水量较少，因此水碳比一般为 $0.3 \sim 0.4$。

④操作压力。

工业生产上尿素合成的操作压力一般都选择高于合成塔顶反应物料组成和该温度下的平衡压力 $1 \sim 3$ MPa。这是因为尿素是在液相中生成的，而甲铵在高温下易分解并进入气相，所以必须使其保持液相以提高转化率。从经济上考虑，尿素生产应选取某一温度下有一个平衡压力最低的氨碳比。

⑤物料停留时间。

物料停留时间是指反应物料在合成塔中的反应(停留)时间。选择物料停留时间应兼顾尿素转化率和合成塔的生产强度这两个因素。通常选择物料停留时间为 40 ~ 50 min。

⑥惰性气体含量。

氨厂来的二氧化碳原料气中,通常含有少量的 N_2 和 H_2 等气体,此外为防止设备腐蚀而加入的少量 O_2 或空气,称为惰性气体。它使 CO_2 的浓度降低,使合成反应物系中存在气相,从而为一些 NH_3 和 CO_2 逸入气相创造了条件,这也会造成转化率的下降;另一方面,由于惰性气体占据了合成塔内部分有效容积,使物料停留时间减少,也导致转化率降低,甚至有可能使尿素装置发生爆炸。因此应把惰性气体含量限制在尽可能低的程度,一般应要求二氧化碳纯度大于 98.5%(体积分数)。

6.9.2 进料 CO_2 气体的组成分析

原料 CO_2 气体来自合成氨装置的脱碳或低温甲醇洗工段,通常含有少量的 H_2 和 N_2 等气体。为防止尿素生产设备腐蚀,加入少量 O_2 或空气,加压后送往尿素装置二氧化碳汽提塔。

在 CO_2 离心压缩机后,要求分析 CO_2 气体的组成,包括 CO_2、O_2、H_2、N_2 等的含量,分析目的和作用是:

(1)了解原料 CO_2 气体的组成,特别是惰性气体的含量

O_2、H_2、N_2 等统称为惰性气体,因为它们不参与尿素合成反应,它们使 CO_2 浓度降低,使合成反应物系中存在气相,从而为 NH_3 和 CO_2 逸入气相创造了条件,这也会造成转化率的下降;另一方面,由于惰性气体占据了合成塔内部分有效容积,使物料停留时间减少,也导致转化率降低,因此应把惰性气体含量限制在尽可能低的程度。

(2)监控加氧量

为了防止设备腐蚀,原料气中需要加氧,O_2 和尿素设备反应生成一层保护膜。加氧量一般为 0.6% ~ 0.8%,加氧方法是在 CO_2 离心压缩机处加入空气(占混合气体总体积的 4%,混合后 O_2 含量约为 0.8%)。

(3)监测 H_2、O_2 含量

H_2 和 O_2 在尿素合成塔内高温高压条件下,会化合生成 H_2O,当 H_2 和 O_2 含量较高且其摩尔比达 2:1 时,会剧烈反应放热,甚至发生爆炸(原料 CO_2 气体中的 H_2 含量虽然不高,但会在合成塔内积聚变高)。

分析仪器的选型有两种方案:

采用气相色谱仪进行全组分分析;

分别采用氢分析仪和氧分析仪测量 H_2 和 O_2 的含量。由于低温甲醇洗所得 CO_2 气体中的 H_2 含量很低,为 ppm 数量级,可选用加拿大 NOVA 公司的 430L 系列 ppm 级氢分析仪。

6.9.3 尿素合成塔氨碳比分析

(1)在线实时分析 NH_3/CO_2 比的作用和意义

氨碳比是指反应物料中 NH_3/CO_2 的物质的量比,"氨过量率"是指反应物料中的氨量超过化学计量的百分数。当原料中氨碳比为 2 时,则氨过量率为 0;当原料中氨碳比为 4 时,则氨过量率为 100%。

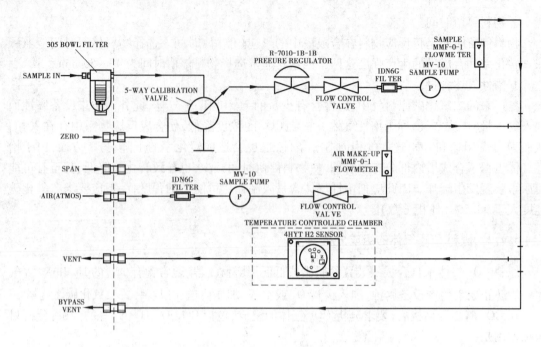

图 6.46　NOVA Model 430LN4 微量氢分析仪流路图

NH_3 过量能提高尿素的转化率,而 CO_2 过量时却对尿素转化率没有影响,这是因为过量的 NH_3 将促使 CO_2 转化,还能与脱出的 H_2O 结合生成 NH_4OH,相当于移去了部分产物,可以促使平衡向生成尿素方向移动。过剩氨还会抑制甲铵的分解和尿素的缩合等有害的副反应,也有利于提高转化率。因而因此工业操作一般采用氨过量率为 50% ~ 150%,即氨碳比在 3 ~ 5 范围之内。

在汽提法尿素生产工艺中,NH_3/CO_2 要求控制在 2.8 ~ 3.0 范围内。

在线实时分析物料中 NH_3、CO_2 的含量可以及时了解氨碳比和氨过量率,并可据此计算出甲铵、尿素的含量,即得到合成反应的转化率。受各种因素影响,NH_3/CO_2 比会经常发生变化,从液氨、二氧化碳进料到生成尿素,正常生产流程仅需 10min 时间,手工化验分析滞后太大,在线实时分析对于指导工艺操作、提高尿素合成转化率具有重要意义。

由于尿素合成反应是在液相中进行的,上面所说的氨碳比是指液体物料中的氨和二氧化碳的摩尔量之比,在一定的温度、压力条件下,液体物料上方气相中的氨碳比和液相中的氨碳比一一对应,通过计算,二者可以相互转换。

(2)取样点工况条件和样品组成

取样点有两处:

①取样点之一位于尿素合成塔气相出口(塔顶出口,位号 201 - D)至高压洗涤器入口的管道上,靠近高压洗涤器入口一侧。工况条件和样品组成为:

压力:15 MPa(表压)

温度:180 ℃

样品组成:

CO_2　　　　　　　21.51%

NH_3　　　　　　　67.82%

H_2O	3.67%
$N_2 + Ar + H_2 +$	5.98%
O_2	1.02%

②取样点之二位于高压洗涤器气相出口送吸收塔的管道上,缺乏工况条件和样品组成详细数据,辽河化肥厂姜亮认为此处 CO_2 和 NH_3 含量为:

CO_2	10% ~15%
NH_3	30% ~45%

取样点①为主要分析取样点;取样点②有些装置不分析。

(3) 氨碳比在线分析系统发展过程回顾

20 世纪 70 年代,我国从国外成套引进了 13 套大化肥装置(30 万吨合成氨、52 万吨尿素),其中 7 套尿素装置配置了美国贝克曼公司(BECKMAN)的气相氨碳比在线分析系统,采用 6710 工业气相色谱仪进行分析,由于样品处理系统设计缺陷,运行情况不良,最后全部下马,宣告失败。

20 世纪 80 年代后期,日本横河公司(YOKOGAWA)开发出气相氨碳比在线分析系统,采用 GC6、GC8 工业气相色谱仪进行分析,该系统在样品处理上也存在一定问题。我国大庆、沧州、辽河三家大化肥厂先后购置了该系统,各厂使用情况不一。大庆化肥厂对其作了改进,但系统连续运行时间仅为 2 ~3 个月,届时就须停机清洗检修,无法长期连续稳定运行。沧州化肥厂开机几个月后,停运下马。辽河化肥厂姜亮(时任仪表车间分析班长)也对其作了改进,解决了样品伴热和除油等方面存在的问题。据姜亮介绍,改进后的系统于 1992 年 8 月投入运行,正常运行了 6 年,到 1998 年因施工不慎起火烧毁分析小屋部分设备才被迫停运。

近些年来,云天化、泸天化先后从英国购进氨碳比液相分析系统,正在建设的重庆建峰化工厂 4580 大化肥装置也购置了该系统,据说该系统采用密度计测量液体样品的密度,推算出氨碳比,由于未作实地调查,该系统的运行情况、特点、价格和用户评价尚不清楚。

(4) 辽河化肥厂氨碳比分析系统概况

辽河化肥厂引进荷兰斯塔米卡邦(Stamicabon)公司 CO_2 气提法大化肥尿素装置,配置两套日本横河公司氨碳比在线分析系统,分别分析取样点①和②的样品,取样点①和②位于尿素合成塔 7 层,标高 68 m,分析小屋位于 5 层,标高 2.5 m,样品传输管线长约 50 m。

分析仪器采用横河 GC8 气相色谱仪,分析组分: CO_2、NH_3、H_2、N_2、O_2,分析周期 5min。GC8 色谱仪采用 TCD 热导检测器,分子筛色谱柱,恒温炉温度 165 ℃,载气 H_2、N_2。

(5) 色谱仪分析系统的作用

①防止操作不当产生过量的氢和氧导致爆炸事故,由于气相氨碳比在线分析系统迟迟未进入实用阶段,才将氢含量的测量移至 CO_2 压缩机出口,其实此处氢含量很低,不能反映氢在合成塔气相的积聚浓度。此处的氧含量也不能反映氧在合成塔气相的实际浓度。

②测量氨碳比,优化操作,提高合成转化率,节能降耗。

尿素装置运行时,CO_2 的进料量保持恒定,氨碳比的控制,是通过调节液氨的进料量来实现的,甲铵压缩机将甲铵液注满尿素合成塔约需 40 min,而从新鲜甲胺液进入合成塔底部到氨碳比变化在塔顶反映出来仅需 10 min 左右,色谱仪分析系统从进样到得到分析结果需要 5 min 左右,因此气相氨碳比测量对于氨碳比控制来说并不存在多大滞后。

(6) 样品处理技术要点

①减压。

利用尿素合成塔顶出口至高压洗涤器入口管道上的手工分析取样阀减压取样,该阀为耐高压针型阀,将样品压力从 15 MPa 降至 1 MPa。

此处应选用角形单座或直通单座高压减压阀,阀芯为针形。

②伴热。

尿素装置自备蒸汽有 1.0、2.0、2.5、3.8 MPa 几种,辽河化肥厂氨碳比分析系统(以下简称"辽河系统")采用 2.0 MPa、240 ℃蒸汽,将其引入缓冲罐,通过减压系统减压至 1.2 MPa、190 ℃,再分配至伴热管中。

辽河系统样品伴热未采用夹套管伴热形式,而是采用蒸汽伴管形式,样品管 DN20(3/4 in)、伴热管 DN12(1/2 in)。在样品处理箱中,是采用暖气片加热保温的,样品处理箱外形尺寸约为:800 mm(宽)×800 mm(高)×400 mm(深)。

实际工作中,样品的温度应控制在 180~185 ℃,温度控制设定值为 183 ℃。这一温度与尿素合成塔顶气相温度是一致的,如果偏离了这一温度范围,氨碳比可能会发生某些变化。

样品温度的波动范围应限制在 165~190 ℃,如果样品温度低于 165 ℃,部分 NH_3 和 CO_2 会化合生成甲铵,压缩机润滑油气也会液化;如果高于 190 ℃,则油会热裂解成小分子或碳化,用于滤除油雾的过滤器将拦截不住这些小分子,造成系统积碳并污染样品。

至于如何控制伴热蒸汽温度,姜亮认为,蒸汽的温度和压力是一一对应的,通过控制蒸汽压力就可间接控制蒸汽温度,蒸汽压力是综合采用控制阀 + 自力式调节阀加以控制的。

为了加快样品流速,减小测量滞后,设有快速回路将一部分样气引至工艺放空管放空。

在赤天化氨碳比项目中,我们采用 0.9 MPa、180 ℃的蒸汽伴热,热量显然不够,后来采用夹套伴热,不但管路结构复杂化,而且提高了造价。由于蒸汽夹套管路笨重僵硬,只能就近在合成塔 7 层敷设。辽河系统通过 50 m 长的伴热管将样品从合成塔 7 层引至 5 层分析小屋,管路敷设灵活方便,样品处理箱体积也小。

伴热蒸汽的压力、温度等级选择不同,是赤天化项目和辽河系统的显著不同之处。

③除油。

据姜亮讲,能否将压缩机油除净,是氨碳比项目成败的关键所在。在辽河系统中,采取了多种除油措施,包括旋风分离除油、聚结过滤除油、脱油介质吸附除油等,几种措施组合使用才能奏效,但其排列次序很有讲究。

辽河化肥厂尿素装置底层有 4 台活塞往复式压缩机,分别压缩液氨和甲铵,这两种物料都是液体,不能使用离心压缩机,活塞压缩机工作时为了克服活塞与汽缸之间的摩擦,需要注入润滑油。正常工作时,每台压缩机每月耗油 200~250 kg。由液氨、甲铵带入合成系统的润滑油无法排出,只能等停车检修时才能通过酸洗、碱洗洗掉,致使塔顶气相样品中的含油量达到 0.1%~0.3%。因此,对于氨碳比分析系统来说,除油成为样品处理系统的一项重要和主要的任务。

赤天化项目仅用两级丝网过滤除油是显然不够的,所以 LGA 窗口玻片积油导致透过率下降,需要频繁打开擦拭。

④防腐。

主要是样品处理系统材质的选择问题,以下两种材料可选:

　　a. 尿素级不锈钢,也称双向耐腐蚀钢,钢材牌号 X2CrNiMo 25-22-2。该钢材耐甲铵、尿素腐蚀,耐蚀性能介于 316 L 和哈氏合金之间。

　　b. 316 L 不锈钢。如果 CO_2 与 O_2 配合好,用 316 L 也可以。

　　双向钢的价格大约是 316 L 的一倍。氨碳比系统的主要部件应采用双向钢,一般材料可采用 316 L。

参考文献

［1］王森. 在线分析仪器手册［M］. 北京:化学工业出版社,2008.

［2］James A. Jahnke. Continuous Emission Monitoring［M］. 2-nd Edition. 2000 by John Wiley & Sons, Inc. Printed in the U. S. A.

［3］易江,梁永,李虹杰. 固定源排放废气连续自动监测［M］. 北京:中国标准出版社,2010.

［4］《空气和废气监测分析方法》编委会编. 空气和废气监测分析方法［M］. 4 版. 北京:中国环境科学出版社,2003.